SHIDILI DE KEXUEKE
湿地里的科学课

中国湿地博物馆 组编

水边的
阿狄丽娜

徐金喜 著

浙江科学技术出版社·杭州

版权所有　侵权必究

图书在版编目（CIP）数据

水边的阿狄丽娜 / 徐金喜著 ; 中国湿地博物馆组编. —— 杭州 : 浙江科学技术出版社, 2024. 12. —— (湿地里的科学课). —— ISBN 978-7-5739-1597-9

Ⅰ. Q948-49

中国国家版本馆CIP数据核字第20240QY649号

丛 书 名	湿地里的科学课
书　　名	水边的阿狄丽娜
著　　者	徐金喜
组　　编	中国湿地博物馆

出版发行	浙江科学技术出版社
	杭州市拱墅区环城北路177号　　邮政编码：310006
	办公室电话：0571-85176593
	销售部电话：0571-85176040
排　　版	杭州万方图书有限公司
印　　刷	杭州富春印务有限公司

开　　本	710mm×1000mm　1/16	印　　张	8.5
字　　数	150千字		
版　　次	2024年12月第1版	印　　次	2024年12月第1次印刷
书　　号	ISBN 978-7-5739-1597-9	定　　价	48.00元

责任编辑　潘黎明		**责任校对**　李亚学	
责任美编　金　晖		**责任印务**　叶文炀	
插画设计　潘　懿			

如发现印、装问题，请与承印厂联系。电话：0571-64361507

"湿地里的科学课"丛书编委会

主　编：章丹红

副主编：郑　娟　张　刚

编　委：（按姓氏拼音排列）

蔡　琰　姜伟俊　缪丽华

阮淑慧　王莹莹　杨海芳

于娜娜

各怀绝技的湿地精灵

会蜕变的水上『毛毛虫』——水薤 … 68

分身有术的水上『浪子』——浮萍 … 72

会捉虫的『美丽杀手』——黄花狸藻 … 78

穿越亿年时光的白垩纪『活化石』——水杉 … 83

会胎生的『海岸卫士』——红树 … 90

最富诗意的湿地风景

绿色『报春使者』——垂柳 … 98

梦幻的空中舞蹈家——蒲公英 … 105

低调的诗画常客——蓼 … 110

秋日的『浪漫』担当——芦苇 … 116

娴静的《诗经》名草——荇菜 … 126

目 录

湿地花儿凌波开

- 清丽脱俗的『凌波仙子』——水仙 … 2
- 『六月花神』——荷花 … 8
- 永不倦怠的净水神花——黄菖蒲 … 14
- 热情似火的花中美人——美人蕉 … 19
- 肆意飞舞的『蓝鸟』——雨久花 … 24
- 清清白白马尿花——水鳖 … 28

美味珍馐湿地来

- 秋天的桌上珍馐——菱 … 36
- 『嫌贫爱富』的燕尾草——慈姑 … 42
- 舌尖上的江南美味——茭 … 49
- 独特的水中『锌王』——莼菜 … 54
- 『世界禾本科植物之王』——薏米 … 61

湿地花儿凌波开

※ 清丽脱俗的『凌波仙子』——水仙
※ 『六月花神』——荷花
※ 永不倦怠的净水神花——黄菖蒲
※ 热情似火的花中美人——美人蕉
※ 肆意飞舞的『蓝鸟』——雨久花
※ 清清白白马尿花——水鳖

清丽脱俗的『凌波仙子』——水仙

中文名 / 水仙

学　名 / *Narcissus tazetta* subsp. *chinensis* (M. Roem.) Masam. & Yanagih.

别　称 / 中国水仙、凌波仙子、雪中花

勋　章 / 福建省省花

所在家族 / 石蒜科 *Amaryllidaceae* 水仙属 *Narcissus*

掌控地盘 / 从北非、中欧、地中海沿岸一直延伸到亚洲

荣　誉 / 中国十大名花之一

在争奇斗艳的湿地世界，如果要问哪种花拥有"神仙颜值"，水仙在多种答案中必有一席之地。

水仙，顾名思义，就是长在水边的"凌波仙子"，它喜欢潮湿和温暖，也非常享受阳光的照耀。外出游玩时，在向阳的湖滨、湿地，你很可能会冷不防地跟一丛水仙迎面相遇。当然，千万不要在炎热的夏季去水边寻找水仙，因为夏天正好是水仙休养生息的时间，这个时候的它，正躲在泥土中"呼呼"睡大觉呢！

什么？水仙还能躲进泥土里？

并不全是。夏天的水仙，花和叶子全都枯萎了，留在泥土中的，只是水仙的鳞茎。作为石蒜科家族成员，水仙跟其他家族成员一样，会在地下长出鳞茎来。它的鳞茎形状有点像洋葱，又有点像大蒜头。鳞茎的外面包裹着一层薄薄的"外衣"，叫鳞茎皮，它里面是许多层厚厚的"内衣"，叫鳞片。鳞片的中间，藏着许多腋芽。

衣服可以起到保护身体的作用，水仙的鳞片也一样，它们小心翼翼地呵护着夹层中的腋芽，保护腋芽不受损伤。与此同时，水仙的鳞片还起着营养储藏室的作用。平时，水仙会将叶子光合作用产生的营养物质一点点运输到这里来；等叶子枯萎时，鳞片上的营养物质就会像乳汁一样滋育夹层中的腋芽。一旦气温合适，腋芽就会逐渐萌发生长，长成一丛狭长碧绿的叶子，开出漂亮可爱的花朵。

在开花之前，水仙的鳞茎和叶跟大蒜很相似，几乎没什么观赏价值；不过，水仙一旦开花，立马脱胎换骨，成了一株有"仙气"的草。

首先，水仙的"仙气"，来自它的一身傲骨。作为一株"仙草"，水仙从来不喜欢凑热闹。因此，它避开了繁花似锦的春夏时节，特地将花期选在了寒冷的一、二月间。这时，天气严寒，百花早已凋谢，水仙却逆势而为，凭着一身不怕冷的傲骨，在水中凌波绽放。在静水边"凌寒独自开"的水仙，少了一分与百花争艳的喧嚣，多了一分独自美丽的娴静，这种性格，像极了卓尔不群、远离凡俗、独居在高山之巅的仙子。

此外，水仙的"仙气"，还跟它的花色有关。水仙有黄色的副花冠和白色的花被片，花色十分素净。水仙颜色简单，构造却十分精致，分为单瓣和重瓣两类，各具魅力。随机找到一株单瓣水仙，仔细观察，你会发现一朵小小的水仙花，竟有两层花冠：外层花冠白而娇嫩，裂为六片卵圆形花瓣，宛若六片半

透明的白玉，稍稍向后翻着；内层花冠为鹅黄色，犹如一只晶莹剔透的小浅杯，轻轻向前掬着，守护着整朵花的花芯。重瓣水仙，则花瓣数量更多，构造也非常精巧。当一朵朵清新素雅的水仙花立在亭亭的花茎上，远远看去，的确很像一群身穿白裙的仙子，"仙气"毕露。

因为自带"仙气"，千百年来，水仙在中国一直深受欢迎。早在1000多年前，爱美的中国人就开始栽培、观赏水仙了。不过，作为"中国十大名花"之一的水仙，却不是中国"土著"，而是一种外来归化植物，唐代时被引入中国。我们常见的水仙是欧洲水仙的一个变种，为了区分，园艺上习惯把国外的水仙称为"洋水仙"。

相传，水仙是美少年纳西索斯的化身。纳西索斯是希腊神话中长相最俊美的男子，因为他实在太美了，在他出生时，先知叮嘱他的父母千万不能让他认识他自己。因此，在十六岁前，纳西索斯从来不知道自己长什么样。

由于纳西索斯长得很美，当他长成青年时，很多女神爱慕他、追求他。但面对女神的追求，纳西索斯总是淡淡的、冷冷的。他的拒绝让女神很气愤，于是她们联合起来，决定让纳西索斯受到惩罚。一天，纳西索斯被报应女神引到湖边喝水，结果一眼就爱上了自己的倒影，他痴痴地迷恋着自己的倒影，年复一年不舍得离去。最终，纳西索斯枯死在水边，变成了一株水仙，从此永远与自己的倒影相伴，形影不离。

水仙在中国是纯洁的象征，在欧洲却成了"自恋"的代名词。在英语中，纳西索斯（narcissus）有两个意思，一个是水仙花，一个就是自恋。不过，自恋还不可怕，你也许不曾想到，美丽的水仙花竟然有毒。

什么？看上去那么柔弱、那么美的水仙花竟然有毒？

没错。你别看水仙花的鳞茎和叶子长得像大蒜，就以为它也能拿来炒菜吃。事实上，"人不可貌相"这句话放在植物身上也适用——美丽的水仙全株有毒，其中鳞茎毒性最大，一旦误食，轻则出现痉挛、腹泻等症状，严重的还会威胁到生命安全。因此，当我们欣赏水仙时，还是远观为妙吧！

知识趣谈

水仙为什么有毒？

植物不像动物，在遇到危险时可以逃跑，所以在漫长的进化过程中，它们发展出两套使自己免于被吃掉的自我保护措施：一种是物理方法，比如通过让自己长出尖刺，令动物们"下不了嘴"；另一种是化学方法，即努力把自己炼成"绝命毒师"，通过让动物中毒，来警告它们下不为例。水仙长得很柔弱，没法用物理方法来保护自己，因此只好让自己变得有毒了。

「六月花神」——荷花

中文名 / 莲
学　名 / *Nelumbo nucifera* Gaertn.
别　称 / 荷花、芙蓉、菡萏
所在家族 / 睡莲科 Nelumbonaceae/莲属 Nelumbo
掌控地盘 / 除青海、西藏自治区外的中国各地，亚洲南部、东北亚和大洋洲也有
荣　誉 / 中国十大名花之一

"六月花神"——荷花

如果有人问水里的什么花最好看，相信很多人会不约而同地想起荷花。[①]

是啊，从六月开始，一直到秋日来临，荷花在很多地方的水塘中都独占鳌头。它们开时总是大片大片，一朵朵盛开的花被修长的花柄高高举出水面，仿佛一群身着绫罗的仙女，优雅地站在高台之上，翘首静静地看着路人——那样美丽又不失端庄，有多少花能与之媲美呢？

常见的荷花多为红、粉两色，但其实荷花也有淡紫、黄色、彩纹、间白、镶边等花色。倘若各色荷花能共开在一片荷塘，恐怕整个夏日的繁华都要被它们抢走了！

荷花因其美丽馥郁，自古就有"六月花神"的美誉。而除了美，荷花在中国传统文化中还有一种特殊的象征，那就是"花中君子"。

最早将荷花比作"君子"的人是周敦颐。他生活在距今900多年前的北宋，是位大学者，和王安石是好朋友。王安石非常欣赏梅花，曾写下"墙角数枝梅，凌寒独自开。遥知不是雪，为有暗香来"的千古名句。周敦颐则对荷花情有独钟，自称是天下最爱荷花之人，还专门写了一篇《爱莲说》来赞颂荷

[①] 2024年5月，中国科学院生物多样性委员会联合中国科学院动物研究所、中国科学院植物研究所和中国科学院微生物研究所共同发布《中国生物物种名录2024版》，本书所有植物的学名皆以此为准。编者按：该名录中，莲花和荷花，都为莲的别名。

花："予独爱莲之出淤泥而不染，濯清涟而不妖，中通外直，不蔓不枝，香远益清，亭亭净植，可远观而不可亵玩焉。"

这里的"莲"，说的就是荷花。

周敦颐为什么这么爱莲呢？原来，莲的一些特质很容易令人想起世间的君子——荷花生长在淤泥中，叶和花却出落得干干净净、纤尘不染，难道不像那周遭都是奸佞小人，却不愿同流合污的君子吗？荷花的花柄和叶柄外观笔直，内里却是空空的，难道不正是内心谦虚、言行刚直的君子的写照吗？

周敦颐爱莲，自己也是这样一株"莲"。宋仁宗时期，经济繁荣、政治清明，涌现出许多名臣，周敦颐就是其中之一。周敦颐曾在很多地方为官，很擅长断案，且办案时是非分明、决不徇私枉法。一次，有个人犯了错，但罪不至死，可一个叫王逵的酷吏非要把他杀掉。其他官员都不敢站出来说话，只有周敦颐挺身而出、直言相劝，见王逵不听，他气得要辞官而去。最终，周敦颐的坚持让王逵改变了主意，那个囚犯也因此保住了性命[①]。

君子想要洁身自好，需要坚持操守，这不是件容易的事；而荷花要做到"出淤泥而不染"，其实也不容易，它需要一项

[①]《宋史·卷四百二十七·列传第一百八十六》："部使者荐之，调南安军司理参军。有囚法不当死，转运使王逵欲深治之。逵，酷悍吏也，众莫敢争，敦颐独与之辨，不听，乃委手版归，将弃官去，曰：'如此尚可仕乎！杀人以媚人，吾不为也。'逵悟，囚得免。"

独门绝技!荷花的独门绝技,就是它独特的叶与花的构造。

　　以荷叶为例,看似青翠光滑的荷叶,其实表面并不光滑,而是覆盖着一层密密麻麻的小绒毛。这种绒毛,是一种突起的小疙瘩,学名叫乳突,只有几微米。有意思的是,这些小乳突上竟然还长着极多纳米级小疙瘩,且小疙瘩上覆盖着一层植物蜡晶体,小疙瘩间则充满了空气,形成一张空气垫——正是荷叶表面的蜡质晶体和它的纳米级突起构造,使其具备超强疏水性。水落在上面时,无法在荷叶表面铺开,而是会形成一粒粒水珠,在滚动中带走附着在荷叶上的浮尘与淤泥——这就是莲"出淤泥而不染"的秘密。

　　因为荷花的美与洁净,它成了人们心目中圣洁、善良、美好的象征,历来不缺乏赞美它的诗词。早在2500多年前,人们就在《诗经》里留下"山有扶苏,隰有荷华"的诗句。后来的诗人们也丝毫不吝赞美之词:"荷叶罗裙一色裁，芙蓉向脸两边开。""接天莲叶无穷碧，映日荷花别样红。""小荷才露尖尖角，早有蜻蜓立上头。""菡萏新花晓并开，浓妆美笑面相偎。"……不论是挨挨挤挤的荷田、初露水面的"小荷"，还是烈日下怒放的荷花，在诗人眼中都是极美的。

当然，除了美，荷花还有一种很多人不曾知晓的高贵品格——顽强的生命力。

或许你不知道，早在一亿多年前的白垩纪，当古老的盘古大陆经过上亿年分裂才刚形成现在的大陆构造时，当广袤的大陆仍被霸王龙、三角龙、禽龙等巨型恐龙统治时，荷花这种美丽的植物，就已经在贫瘠的地球上吐露芬芳了。

我们知道，一亿年是一段非常漫长的时光，在这期间，可能是因为小行星撞击地球，包括恐龙在内的绝大多数动植物都在那场可怕的灾难中灭绝了。此后，地球上的气候又几经变迁，很多古生物都没能存活下来。可是荷花，这种看似娇弱的湿地植物，却穿越亿年时光，一直存活到现在。那么，它是怎么做到的呢？

跟很多植物一样，荷花是通过种子——莲子来繁衍生命的。而荷花顽强的生命力，正蕴藏在那一颗颗小小的莲子之中。

秋天，是莲子成熟的季节，这时，卵圆形的莲子逐渐饱满膨胀，外面的革质果皮渐渐变硬，颜色也由绿变为黑褐。当天气再冷一些时，莲蓬在风霜中发黑凋零，而成熟的莲子则会在这时脱离母亲的怀抱，去广大的水域寻找自己的生活。只要遇到合适的水温和土壤，莲子就会爆发出巨大的生命能量，冲破坚壳、长出嫩芽，开始一场全新的生命之旅。

当然，有些莲子的生命旅程未必一帆风顺，它们可能会在中途遭遇种种意外。一些莲子从此失去了生长机会；但另一些莲子，得益于革质果皮的保护——它的形状就像航天器密封舱，不仅能防止水分和空气穿透果皮，还能在里面形成一个极小的气室，用以维持莲子的生命——使其竟能在干燥、低温和密闭的特定环境下活上千年之久。20世纪，我国科学家就用出土的千年古莲子，培育出一株株鲜活的荷花！

荷花的生命奇迹，不禁令人感慨：外在美固然重要，但内在的强大生命力，才是真正让它立于不败之地的支柱。倘若没有强大的生命力，荷花再美，恐怕也早已湮灭在时间长河中，失去了绽放的机会，不被人所看见了。

知识趣谈

养荷花的水越多越好吗？

荷花是非常典型的湿地植物，它喜欢相对稳定的平静浅水环境，如湖沼、泽地、池塘等，且分布广泛，世界各地的亚热带和温带湖沼，均可见其身影。不过，别看荷花四海为家，似乎在哪儿都能生存，事实上，它对水位的要求很高——荷花需要水，没有水它无法存活；但荷花生长的水位又不能太高，通常不超过1.7米，否则它将无法开花，开不了花就结不了果，无法"传宗接代"，最终也会遭遇灭顶之灾。

永不倦怠的净水神花——黄菖蒲

中文名／黄菖蒲
学　名／*Iris pseudacorus* L.
别　称／黄鸢尾、水生鸢尾
所在家族／鸢尾科 *Iridaceae*/鸢尾属 *Iris*
掌控地盘／南欧、西亚及北非等地，世界各地都有引种

立夏过后，随着雨水增多，气温渐渐升高，植物进入了旺盛的生长期。这时，陆地上的植物已经被郁郁葱葱的绿叶覆盖，而水中的植物，才刚迎来花儿相继绽放的好时节。

在众多水生植物中，黄菖蒲①算是开花较早的。这是一种多年生挺水草本植物，喜欢生长在河流、湖泊沿岸的湿地或沼泽地区，植株高大茂盛。跟大多数水生植物一样，黄菖蒲的叶子会在秋天枯萎，然后在春天又悄悄从水底粗壮的根状茎上抽出新的叶子来。它的叶子碧绿，等到夏天能长到半米多长，顶端尖锐、边缘锋利，仿佛一把把直指苍穹的锋利宝剑，大有一种不容侵犯的气势，仿佛在说："你们最好离我远一点吧，否则就后果自负喽！"

5月，荷花仙子还在酣睡尚未苏醒，黄菖蒲却已经抢先开花了：一朵朵亮黄色的花儿被阳光点亮，像一束束跳跃的火苗，照亮了脚下的水域；又像一群群翩飞的蝴蝶，在碧绿的叶丛中流连嬉戏。

由于植株挺拔秀丽，花又很美，黄菖蒲在世界各地都很受欢迎。早在几百年前，它在欧洲的园林中已经十分常见。不过，你知道世界上最美的黄菖蒲在哪里吗？如果时光可以倒流回19世纪，那么你一定要去法国印象派画家莫奈的家里看看。

---

① 编者按：《中国生物物种名录2024版》未收录"黄菖蒲"的词条，可能是黄菖蒲是一个源于欧洲的外来物种，故我们采用1985年出版的《中国植物志·第十六卷·第一分册》中关于黄菖蒲的学名记载。

莫奈是黄菖蒲的痴迷者之一,他在自家美丽的私人花园中栽了不少黄菖蒲,还为它们画了好几幅肖像。在莫奈笔下,倒映着天空的池水蓝得透亮,一团团粉红的云朵倒映在水中,在这片温馨的小池中,大而明亮的几朵黄花横空出世,在墨绿的枝叶上招展,仿佛飞旋的舞女,在霓虹闪烁的蓝色舞池中忘我地舞蹈——画中的黄花,就是黄菖蒲那独特而美丽的花!

值得一提的是,黄菖蒲不光外表美丽,还是妥妥的实力派。它美丽,但一点也不娇弱。恰恰相反,它的生存能力很强,

不仅耐寒、耐旱，还十分耐阴。这么说吧——它喜欢生长在温暖的南方，但在冷一点的北方也能栖居；它是完美的水陆两栖植物，喜欢生活在水中，但在旱地上也能生长；它热爱阳光，但如果阳光不那么充沛，它也能很好地活着，而不会蔫头耷脑、奄奄一息。

强大的生命力，让黄菖蒲天南海北四处安家。而它的另一项重要本领，又为它加分添彩，让它备受喜爱：有研究人员发现，黄菖蒲是强大的污水净化高手，当城市污水流经栽培着大片黄菖蒲的湿地后，污水竟然变清澈了！

黄菖蒲是怎么做到的呢？

原来，很多地方的水混浊不清，是因为水中的氮和磷含量太高了，导致藻类植物疯狂生长，浮在水面或水中的藻类植物会让水看上去呈现出大片绿色、红色，大量死去的藻类植物还会导致水底缺氧，令鱼类等小动物窒息而死。而黄菖蒲能够有效吸收污水中多余的氮和磷，遏制藻类等水生植物的过度繁殖。

那么，黄菖蒲吸收了水中多余的氮和磷，自己会不会生病呢？

别担心！黄菖蒲吸收氮和磷，可不是被逼无奈，而是完全出于自愿呢！这是因为氮和磷本来就是植物生长必需的养分，黄菖蒲吸收了它们，不但对自己无害，反而会促进自身的茁壮成长，使植株长得又高又壮，开出更多的花、结出更饱满的果实。如果生长环境中缺少氮和磷，黄菖蒲反而会得"矮小症"，开的花又小又少，结出的果实也不好。所以，黄菖蒲吸收氮和磷、净化污水，可以说利己又利他，一举两得。

现在，你明白为什么在湿地总能见到黄菖蒲了吧？这么美丽、好养活，还能净化环境的植物，谁能不爱呢？

知识趣谈

黄菖蒲是菖蒲的一种吗？

"黄菖蒲"和"菖蒲"只有一字之差，其实是两种截然不同的植物。

首先，它们来自不同的家族。黄菖蒲属于鸢尾科、鸢尾属，而菖蒲属于菖蒲科、菖蒲属。在中国，黄菖蒲的名字中带有"菖蒲"两个字，大概是因为它的叶子长得跟菖蒲很像。

其次，花和果实的形状不同。黄菖蒲的花有明显的花冠，又大又漂亮，形状像一只只漂亮的蝴蝶；果实的形状有点像秋葵的长条形蒴果。而菖蒲的花很小，它们聚在一起形成肉穗花序，看着就像一根根黄绿色香肠；经过一个夏天，当花序变成果序，结出一粒粒红色浆果，"绿香肠"像是被烤熟了，顿时变成了令人垂涎的"红香肠"。

热情似火的花中美人——美人蕉

中文名 / 美人蕉
学　名 / *Canna indica* L.
别　称 / 红艳蕉、小花美人蕉、小芭蕉
所在家族 / 美人蕉科 Cannaceae/美人蕉属 *Canna*
掌控地盘 / 潮湿、温暖的世界各地

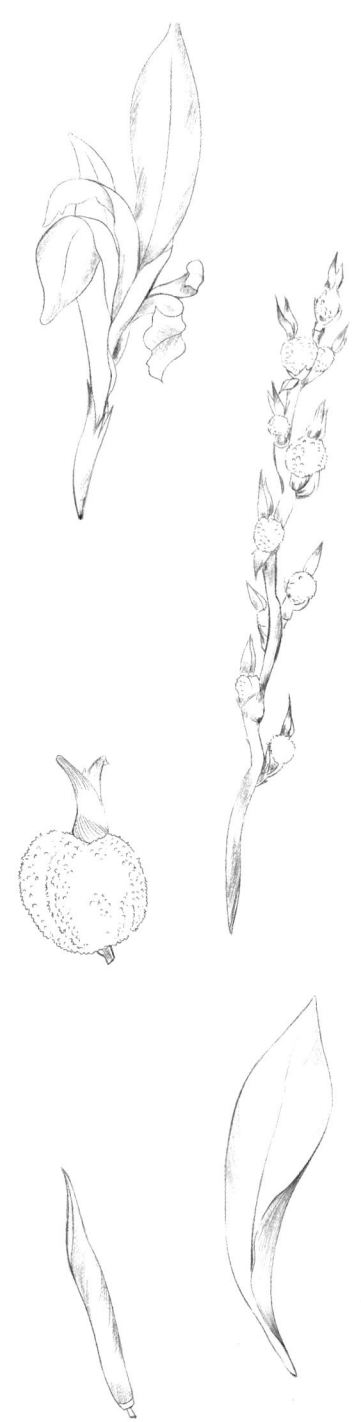

　　在湿地的各种赏花植物中,美人蕉是佼佼者之一。如果说水仙美在清新、荷花美在典雅、黄菖蒲美在绚烂轻盈,那么美人蕉的美,大概就在于它的热情似火、妩媚明艳。

　　人间四月天,正是花繁叶茂的时节,喜欢热闹的美人蕉家族也追逐潮流,迫不及待地绽放了。不像荷花,一根花茎上往往只开出一朵花来,美人蕉的一根花茎上,能同时长出10个花苞,它们顺着修长碧绿的花茎,自上而下依次生长。开花时,长在同一枝头的花朵非常注重出场顺序,它们会自上而下次第开放,就像"T台"走秀的红妆美人,在日光的沐浴下鱼贯出场,最后一起站在舞台上,将最盛大的美呈现给台下观众;又像一把"太阳之火"落在花茎顶端,随后自上而下点燃整根花茎,花茎便"燃烧"起来,一团团红艳艳的,似火苗在空中跳跃——夏季尚未到来,美人蕉的花却提前让人们嗅到了"火热"的气息。

在一些湿地公园，园丁会让美人蕉家族各成员齐聚一堂，当它们一起开花时，红的，黄的，粉的，双拼色的，各样的花色一起怒放，远看如火如荼，灿若云霞，真是壮观极了。

美人蕉花型独特，适合远观，也适合细看。有趣的是，在近距离欣赏美人蕉的花时，千万别以为那水嫩丝滑、大而娇艳的部分是花瓣。事实上，美人蕉的花最引人注目的部分，也就是看上去最像花瓣的部分，偏偏不是花瓣，而是美人蕉退化的雄蕊，其中有一片雄蕊还很特别，它要比其他雄蕊窄一些，向外翻出来，仿佛"美人"吐出的红舌，调皮地冲路人扮着鬼脸。

那么，美人蕉真正的花瓣在哪里呢？沿着美人蕉的雄蕊往下看，那些毫不起眼、瘦而细长，包裹在雄蕊之外并且在基部围合的部分，才是美人蕉真正的花瓣。

除了开花早、花型独特，美人蕉还有一个显著的特点，那就是花期很长。不像桃花、李花、望春、迎春，在春天一时绚烂之后就凋谢了，美人蕉的花可以一茬接着一茬绽放，从春天一直开到秋天。在日照充足的热带地区，美人蕉甚至能四季都开花，就像一团永不熄灭的火，在高高的枝头上日夜燃烧，直到植株枯萎，它才渐渐熄灭。

当然，美人蕉不只花儿漂亮，它挺拔的茎秆和宽大的叶子也美得十分出众。如果说美人蕉的花是热烈奔放的美人，那么它直立的茎秆就是美人秀丽的腰身，它阔大的披针形叶子，就是美人身上造型夸张的婆娑裙裾。微风吹来，当蓝绿的、黄绿的或紫色的叶子在风中轻轻摇摆时，我们的"美人"看上去像在踏着风儿的节奏轻舞，显得更加妩媚多姿了。

因为花叶都很美，远近都耐看，美人蕉成了点缀园林的常客。它们喜欢水，也喜欢阳光，向阳的江河湖畔便是它们理想的住处。通常，美人蕉只生长在水边，很少长在水中。但其中一些种，如来自南美洲的粉美人蕉，似乎要比其他家庭成员更喜欢水，它们总是伫立在一汪浅水中，就像一群下凡沐浴的仙女，在水中忘情地嬉戏，日复一日，竟然忘了回家。

说够了美人蕉的"美"，再来说说它的"好"吧——对人类来说，美人蕉的好可不止一星半点儿：第一，它是天然的湿地"环保卫士"，它那阔大的绿叶并非是迎风招展的摆设，而是能吸走硫、氯等有害气体，还人们一片洁净的空气的"宝贝"；第二，它那美丽的花也不光能用来观赏，还是天然食用色素的来源，漂亮又安全；第三，它那深藏不露的地下根茎富含淀粉和营养，是一种对身体好处多多的优良食物。

不过，人无完人，美人蕉的确很美，也很有用，却在生存能力上存在致命缺陷。同样生活在水边，它纤细的腰杆子却不像芦苇那么坚韧，而是很怕大风摧残，在大风天，倘若得不到及时保护，美人蕉可能会"腰折"的。它也不像青松，不论生长在何处都能四季常青。深秋，当温暖不再时，美人蕉就会失去活力，它会收起红妆，脱下绿裙，只留下光秃秃的茎秆过冬。美人蕉在冬日里褪去一身碧绿，有时不光落叶，连地上茎也全部枯萎，表面上看，似乎是面对恶劣环境时的懦弱屈服，实际却是一种"断臂求生"的智慧。因为在严寒的冬季，美人蕉主动舍弃地上的叶与茎，可以最大限度地减少水分蒸发和能量消耗，从而将有限的能量全部集中到埋藏在地下的根茎中，等待来年春暖再度发芽。然而，美人蕉毕竟还是怕冷的，如果气温太低，那么即便躲在地下，它的根茎也会烂掉，这样，它就无法挺过寒冬。

不过，你不必替美人蕉感到惋惜。于美人蕉自己而言，它很清楚自身的弱点，因此总是生长在温暖、潮湿又风力不大的池塘或湿地畔，也就避免了遭受致命危害的风险。不过，如果你想要养一株美人蕉在家里，那么请细心照料它——给它充足的阳光和水分，帮它躲避风寒，这样你就会得到它大方的回馈。

肆意飞舞的『蓝鸟』——雨久花

中文名／雨久花

学　名／*Pontederia korsakowii* (Regel & Maack) M. Pell. & C. N. Horn

别　称／蓝鸟花、蓝花菜

所在家族／雨久花科 *Pontederiaceae* 梭鱼草属 *Pontederia*

掌控地盘／中国、印度尼西亚、越南、巴基斯坦及东北亚地区

在湿地中，生活着一种低调却充满诗意的植物，它有一个很好听的名字——雨久花。

雨久花是少有的以花来命名的植物，不过它的花的确漂亮。七八月间，当盛夏来临，雨久花便迎来了开花的好时节——清晨，似乎一夜之间，一秆秆直而圆润的花茎顶端开出了数朵美丽小花，它们比水仙花略小，六片蓝紫色的卵圆形花瓣，像婴儿的皮肤一般水润娇嫩，由内向外舒展开，守护着中间的黄色花药和白色花柱。近看，一枝枝开满花的修长花茎，很像古代女子云鬓边的蓝色玉簪，又像落在枝头展翅待飞的蓝鸟，清新脱俗、轻盈雅致。远看，大片的雨久花一齐开放，犹如一片蓝紫色的雾气漂浮在水面上，充满浪漫与梦幻。

你也许会好奇：为什么雨久花会开蓝花？

要回答这个问题，我们首先得知道，植物的花为什么会有颜色。

有句老话叫："巧妇难为无米之炊。"如果我们将大自然比作一位调色师，那么它想在调色盘中调出各种花色，自然少不了各种"颜料"，而这些"颜料"，就是住在植物身体里的色素"小精灵"，其中最有名的有两类：一类叫类胡萝卜素，另一类叫花青素。

类胡萝卜素是一个庞大的色素家族，它广泛分布在植物体内，含量仅次于叶绿素。虽排名第二，但在植物开花前，类胡萝卜素一直被叶绿素"压制"着，始终得不到展现机会。但它懂得蛰伏，懂得伺机而动。春天，天气变暖，当东风轻抚枝头的花苞，将花儿们一朵朵催开时，类胡萝卜素终于等来了一年中最绚烂的时刻：由于花朵通常不含叶绿素，不受限制的类胡萝卜素终于可以在花朵这个舞台上尽情施展才华，淡黄、浅黄、明黄、鹅黄、杏黄、玉米黄，大红、朱红、桃红、粉红、橘红、玫瑰红，橙色……类胡萝卜素就像一位造色"魔法师"，能制造出色谱上从黄到红的各种花色，将色素成分和含量稍加变动，又形成一种新的色彩。

另一位"调色高手"就是花青素。花青素也是一个天然色素大家族，包含数百种色素成员，它填补了类胡萝卜素在红、橙、黄色系外的着色空白，为大自然额外奉献了蓝色与紫色。

有意思的是，跟类胡萝卜素相比，花青素更为"调皮"，它不那么稳定，而是喜欢变来变去。原来，可溶于水的花青素对植物细胞液的成分非常敏感。当细胞液为碱性时，它会呈现出蓝色；当细胞液为酸性时，它会呈现出红色；当细胞液为中性时，它则会呈现出紫色。

雨久花的蓝，正是拜花青素所赐。是花青素赋予了雨久花蓝色的灵魂，让它跟水上的其他花朵区别开来，成为一道独特的风景。

当然，花青素并非雨久花开蓝花的全部秘密。事实上，雨久花之所以开蓝花，还跟自然选择有关。我们知道，植物的花朵是植物孕育新生命的场所，同时也是植物身上最为娇嫩脆弱的器官，它很怕风吹雨打，也很怕烈日曝晒。雨久花开在盛夏，日头正烈，而日光中，除了紫外线，波长较短的蓝光能量较高，波长较长的红光能量较低。雨久花该怎样保护自己呢？——当然是选择开蓝花！花朵会反射有色光以避免高温灼伤，雨久花通过开蓝花，将蓝光反射出去一部分，从而最大程度地降低被日光灼伤的风险。多么机智啊！

所以，千万不要轻视任何一朵花，它的形状、构造、颜色，其实都是一座座丰富的知识宝库，等待着我们去挖掘。雨久花是这样，其他花也是一样。

清清白白马尿花——水鳖

中文名 | 水鳖
学　名 | *Hydrocharis dubia* (Blume) Backer
别　称 | 马尿花、水白
所在家族 | 水鳖科 Hydrocharitaceae/水鳖属 *Hydrocharis*
掌控地盘 | 遍布中国各省份，亚洲和大洋洲部分地区也有分布

8月，正值盛夏。如果不怕天气炎热，愿意去湿地走走，你很可能会在水边跟一种白色小花不期而遇。它们被细长的花茎高高举出水面，三片半透明花瓣两两交叠、围合成一条小"喇叭裙"，守护着黄色花心，细看颇有几分妖娆的姿色——这种白色小花，就是水鳖的花。

水鳖是一种多年生浮水植物，性格有些保守，它讨厌任何形式的冒险，会刻意避开湍急的水流和有飞瀑冲击的地方，寻觅一方安静的浅水沼泽或湿地安家，平平淡淡度过一生。除了保守，水鳖还很低调，不喜欢"抛头露面"，一年中，几乎整个秋冬时节，它都钻在水底，任由一团团长面条般的须根和四处蔓延的匍匐茎懒洋洋地浸泡在水中，仿佛已经丧失了生命力。

但春天一来，当阳光穿过清澈的浅水照耀在水鳖身上时，孕育了一个寒冬的越冬芽被唤醒了。这些越冬芽，长在水鳖发达的匍匐茎节上，早在寒冬到来之前就已经生出。但在冬季，它们一直处于休眠状态，直到春回大地，它们才启动生长"密码"，开始迸发出蓬勃的生机。

水鳖是先长叶后开花的植物，因为孕育花朵是一件很辛苦的工作，需要耗费大量能量。先长出叶子，就能利用叶子进行光合作用，为开花储备能量。

水鳖的叶子长得不大，比普通人的手掌心还要小一些，但形状非常别致，像极了一颗颗漂亮的爱心。当一片片碧绿的叶子漂浮在水面时，它们光滑的表面在阳光下泛着光泽，仿佛一枚枚经造物主精心打磨的心形碧玉，在水上熠熠生辉，优雅地书写着浓浓的绿色之爱。

由于水鳖的叶子一簇簇从匍匐茎节中抽出，叶柄的根部彼此相连，人们赋予了水鳖"心心相连"的寓意。有时，人们会给好朋友赠送一盆水鳖，以表达友谊天长地久的美好愿望。

除了形状独特，水鳖叶子的构造也十分独特。将水鳖的叶子翻到背面，你会发现在心形叶子的中间，长着一个扁平的、微微有些凸起的东西，轻轻捏一捏，里面鼓鼓的，好像装满了空气——没错，这个东西，是一种海绵质气囊组织，里面填充的正是空气。长了海绵质气囊组织的水鳖叶子，看着活像一只只背着鳖甲的水鳖，"水鳖"一名，正是由此而来。

那么，水鳖的叶子上为什么要长这样一个"鳖甲"呢？

我们知道，植物的生长也跟人类一样，一刻也离不开空气，它需要呼吸氧气来制造能量，也需要吸收二氧化碳来进行光合作用。而叶子，是植物非常重要的"呼吸器官"。由于水鳖的叶柄纤弱无力，无法将叶子高高托举出水面，为了确保叶子能充分呼吸，在长期的进化过程中，水鳖发育出这种令人惊叹的构造——海绵质气囊组织，它的内部由密密麻麻的卵圆形气泡构成，活像一个救生圈，可以让水鳖的叶子不怕风吹雨打，一直漂浮在水面。

由于水鳖拥有发达的匍匐茎，而且每隔3～15厘米，匍匐茎节上就会长出一丛叶子来，因此生长着水鳖的水域，放眼望

去，总是挨挨挤挤的一片碧绿。这些碧绿的叶子，就像一座座小型能量加工厂，不断通过光合作用，向匍匐茎输送能量。等到盛夏时节，一朵朵小花终于绽放了，它们三三两两、星星点点，散落在碧绿的叶丛间，有黄色的，也有白色的。黄色的是雄花，白色的是雌花，它们分泌出散发着芬芳的花蜜花粉，吸引蜂蝶帮忙传粉。

虽然都是水鳖的花，但是雄花和雌花在地位上相差悬殊，呈现出明显的"阴盛阳衰"，以至人们在提起水鳖的花时，几乎只说水鳖开白花，很少有人提到它还开黄花。为什么会这样呢？原来，水鳖的雄花比雌花要小，而且花色跟荇菜等水生植物的花差不多，因此不太显眼，容易被人们忽视；相比之下，它的白色雌花就醒目多了——在五花八门的湿地赏花植物中，如果把荷花、鸢尾花等比作大家闺秀，那么水鳖的白色雌花就是小家碧玉。那一朵朵白色小花，远看，与绿叶相互映衬，清

清白白,像夜空中的群星一般亮丽耀眼;近看,它们娇小秀美、玲珑可爱,在风中摇曳的姿态几乎可以跟水仙花相媲美。

不过,白色的雌花再漂亮,也是要凋谢的。水鳖的花期不长,主要集中在夏季。当一朵朵白色小花从碧叶间消失时,莲子般大小的浆果会陆陆续续取代花的位置,站上生命的舞台。当浆果成熟时,果皮会开裂,将上百粒饱满的极细小的种子像发射炮弹一样"吐"出去。微小的种子落入水中,不需要泥土就可以发芽——于是,新一轮的生命循环,就这样开始了。

知识趣谈

植物的名字从哪里来?

植物跟人一样,往往需要一个专属名字才能彼此区分。但因为起名者众多,同一种植物往往有好多个名字。至于这个名字是高雅还是低俗,全仰赖那个起名的人。比如"水鳖",虽不高雅,但好歹中规中矩,生动形象;可它的俗名"马尿花"就有点让人不敢恭维了。再如"勿忘我"(勿忘草)——听上去是不是很浪漫?可你知道吗,昆明人竟然管这种浪漫蓝色小花叫"狗屎花"!

幸运的是,不管是"马尿花",还是"狗屎花",这些不太好听的俗名并不会在国际上传播。因为根据《国际植物命名法规》,植物们在国际上都有着一个统一的拉丁名作为学名。

美味珍馐湿地来

※ 秋天的桌上珍馐——菱
※ 『嫌贫爱富』的燕尾草——慈姑
※ 舌尖上的江南美味——茭
※ 独特的水中『锌王』——莼菜
※ 『世界禾本科植物之王』——薏米

秋天的桌上珍馐——菱

中 文 名 / 欧菱
学　　名 / *Trapa natans* L.
别　　称 / 乌菱、大头菱、菱角、大湾角菱
所在家族 / 千屈菜科 Lythraceae/ 菱属 *Trapa*
掌控地盘 / 东亚、东南亚
荣　　誉 / 『野菜中第一品』

初秋时节，江南的街边小摊上经常会见到这样一种奇怪的食物：它比一枚栗子稍大一些，外壳红而坚硬，两端长着弯弯的尖角，顶上还突出一只小角，乍一看，活像一个迷你版牛头！你也许不知道，这种奇形怪状的食物，被列入人类食谱起码已有2000年历史了，在周朝时，它还被当作贡品搬上了祭坛——它，就是菱的果实，菱角。

菱，是南方极为常见的水生植物，有野生的，也有栽培的，因为生命力顽强，水塘、水田、湖畔湿地，只要有水的地方，到处都能见到它的身影。

菱非常容易辨识，你只要瞅准它那斜方形或三角状的菱形叶子，就一眼能将它跟其他水生植物区分开。据说，数学中的"菱形"，就是因为菱叶的形状而得名。

可是，菱为什么要把自己的叶子长成菱形呢？

原来，菱非常喜爱阳光，但它作为一种浮水植物，叶柄细长柔软，无法将叶子高高举起，这使得它在跟其他水生植物竞争时不具备优势。为了尽可能多地获取阳光，菱创造了一种属于自己的生存方式：将叶子长成菱形，而且在排列时叶尖朝外，叶片呈莲座状一层层向外拓展——这么一来，叶片间避免了因为相互重叠导致的阳光不足，又能利用菱形叶片边角互补的优势、充分利用有限的水面空间，这样不就能最大限度利用阳光了吗？

不过，千万不要以为有了菱形叶片，菱就可以高枕无忧了。事实上，在解决了光照问题之后，菱还面临着另一个严峻的问题——呼吸问题。植物都要呼吸，菱也不例外，可是它的叶柄很软，万一遇上刮风下雨，它该怎样保证叶子不被水流淹没呢？我们知道，同为水生植物的水鳖已经做出了表率，通过在叶子上长出"鳖壳"来帮助叶子浮出水面；菱虽然没有长"鳖壳"，但它所采用的方法也跟水鳖差不多，那就是在叶柄中上部长出了一个膨大的充满气孔的气囊，这就好比在菱叶下方套了个"救生圈"，有了它，菱叶自然能轻松浮出水面了。

菱叶因为外形独特，一眼就能被认出。相比之下，菱花就显得普普通通，不太惹人注目了。菱花很小，花柄又短，4片白色花瓣两两相对，一朵朵着生在叶腋间，仿佛是在湖上走失的孩子，矮矮小小，无依无靠，孤独地站在大片碧叶间，踮起脚尖眺望着，希望能找到回家的路。

大概因为太不起眼，人们很少提起菱花，更别说赞美它了。但菱花枯萎后结出的果实，却成了人们的最爱，尤其在水很充沛的南方，菱角是人们秋日里必备的美食之一，历史上也留下了许多描写人们泛舟采菱的动人诗歌：

"相携及嘉月，采菱渡北渚。微风吹棹歌，日暮相容与。"

"浔阳女儿花满头，毵毵同泛木兰舟。秋风日暮南湖里，争唱菱歌不肯休。"

天气尚暖的初秋季节，日头偏西，斜阳将湖面染得一片通红，这时，一只只小舟离开湖岸，在一片葱翠的绿叶中荡漾开

来。采菱女们一边俯下身去,伸长手臂,快速地采着菱角,一边唱着悠扬的歌曲,微风吹动裙裾,盈盈笑声传来——那情景,真是好不热闹,好不欢快!

不过,采菱歌听着浪漫,采菱却没有想象中那么容易。首先,菱角长在水下,由粗短的果柄连在茎上,四周全是密密的叶柄，很难寻找。要采摘菱角，就得先将菱的植株全株从水中打捞上来，然后倒翻过来，这样才能找到果实。而且菱的植株低矮，采菱人得坐在一只被称为"菱桶"的大盆中穿行在菱间，弓背弯腰打捞才行——这样打捞一整天，不腰酸腿麻才怪，采菱的辛苦程度可想而知！

如果只是辛苦也就罢了，采菱还是一项危险活儿。恰如一句谚语说的那样："摘老菱当心触刺，采药菜当心滑脱。"菱角的刺又尖又硬，采菱时要是不注意手法，双手被扎伤、扎痛是常有的事。

不过，采菱虽然不易，吃菱却很幸福。新鲜的嫩菱，剥去青红色外壳，白色果肉直接生吃①，味道甘甜；又黑又坚硬的老菱呢，煮熟后去壳吃肉，也别有一番风味。菱的吃法很多，可以炒、可以煨、可以糟，用清代美食家顾仲的说法，它简直就是"野菜中第一品"。

如此说来，吃菱角这件事，辛苦在先，享受在后，也算是苦尽甘来了。

值得一提的是，对南方人来说，菱角司空见惯，并不是什么稀罕之物；但对一些没见过菱角的北方人而言，给他一盘菱角，可能就给他出了一道难题。

相传，古代有个北方人被调到南方当官，当地乡绅富贾为他接风，席上就有菱角这道菜。这个北方人没见过菱角，又不

---

① 但是小朋友的话，不建议生吃菱角，容易感染布氏姜片虫。

想显得自己见识短浅，便抓起一只菱角塞进了嘴巴。坐在一旁的人看得惊呆了，好心提醒他："菱角应该剥了壳再吃。"

北方人知道自己丢了丑，却不想承认这一点，于是说："我当然知道要去壳，我只是想用壳来清热。"

其他人见他这样说，便又问他："你们那里也有菱角吗？"

北方人回答："是啊，多得很，前山、后山到处都是。"

前山、后山到处都是菱角？看到这里，想必你已经在哈哈大笑了吧！其实，没见过菱角、不知道怎么吃菱角又有什么关系呢？不懂装懂，才真正贻笑大方。

知识趣谈

古代女孩子的闺中宝物——菱花镜

古代有一种以"菱花"命名的镜子，在历史上非常有名。这是一种打磨得光洁透亮的铜镜，因为在日光下投射出的影子形似菱花，所以被称为"菱花镜"。过去，菱花镜曾是女孩们争相拥有的闺中宝物，但得到它可不容易。相传，汉代皇后赵飞燕（前45—前1）因长得美丽，又能歌善舞，深得皇帝宠爱。在她晋升为婕妤时，汉元帝就赏了她一面七尺高的菱花镜。西汉时，宫中嫔妃有十几个等级，婕妤的地位仅次于昭仪，被视为"皇后候选人"——皇帝赏赐给"皇后候选人"一面菱花镜，可见菱花镜在古代人们心目中的地位！

"嫌贫爱富"的燕尾草——慈姑

中文名 | 慈姑

学　名 | *Sagittaria trifolia* subsp. *leucopetala* (Miq.) Q.F. Wang

别　称 | 燕尾草、乌芋

所在家族 | 泽泻科 Alismataceae/慈姑属 *Sagittaria*

掌控地盘 | 原产中国，日本、朝鲜也有栽培

荣　誉 | "水八仙"之一

慈姑

慈姑是江南水乡一种常见的植物，喜欢生长在向阳、背风的浅水处，水田、沼泽、湖滨、湿地，很多有水的地方，都能见到它的身影。它的植株高大挺拔，宽阔肥大的叶子被粗壮的叶柄高高举起。由于叶子的形状很像燕尾、剪刀或箭头，因此，慈姑在民间又常常被叫作"燕尾草""剪刀草"。

虽然叶子形状独特，很有观赏价值，但对人类来说，慈姑首先是作为一种美食存在的。在南方，慈姑跟茭白、莲藕、水芹、芡实、荸荠、莼菜和菱一起，被并称为"水八仙"。它可以食用的部分是长在泥土中的球茎，形状有的圆，有的扁，黄白的外皮上长着环节，环节上包着薄薄的鳞片，球茎顶上长有一根长长的顶芽。因为球茎的外形像芋，慈姑又有"乌芋"的别称。

慈姑的吃法有很多种，人们吃慈姑时，往往会先把外皮削去，然后再用它来炒菜、做汤或炖肉。由于慈姑天然有种苦涩味，烹饪时如果少了肉，它就绝难成为一道美食，为此，人们给它封了个"嫌贫爱富"的名号。

不过，说慈姑"嫌贫爱富"，只是开个玩笑罢了，在现实中，慈姑不仅没有"嫌贫爱富"，还是济贫扶贫的"好帮手"。为什么这么说呢？原来，在过去，水网密布的江南地区总是遭遇水患，当其他粮食严重减产甚至绝收时，人们正是靠吃慈姑，度过了一个又一个荒年。

在"中国慈姑之乡"江苏宝应县，流传着一则传说。古时宝应经常发大水，导致庄稼绝产，很多灾民被活活饿死了。上天不忍人间受此疾苦，于是派了一个仙女来救济灾民。仙女心地善良，长得慈眉善目，人们都叫她慈姑。慈姑一来到人间就不辞辛苦，四处寻找能帮人们解决饥荒的食物。功夫不负有心人，一天，慈姑终于找到了一种不怕水淹的植物，它长在地下的"球果"营养丰富，是理想的粮食替代品。慈姑如获至宝，将这种植物带回宝应，并教会人们栽种的方法。从此，宝应人每逢水灾，就会用这种植物的"球果"充饥，再也没有挨过饿。后来，为了纪念这位善良的仙女，人们就把这种植物叫作"慈姑"。

其实，许多神话传说都有现实的影子。历史上，慈姑真的在灾年扮演着救济灾民的角色。著名散文家汪曾祺曾在《咸菜茨菇汤》中写道："民国二十年（1931），我们家乡闹大水，各种作物减产，只有茨菇却丰收。那一年我吃了很多茨菇……"

汪曾祺先生出生在1920年，他的童年时代距离今天不过一百余年。他出生在一向富庶的江浙地带，但在遭遇饥荒时，当地人仍然只能向慈姑求助，可见人们对慈姑的依赖。

可问题是，为什么发生水灾时，"各种作物减产，只有茨菇却丰收"呢？这当然是有原因的。

首先，慈姑不怕水。作为挺水植物，慈姑不但不怕水，还非常喜欢水。它的植株有1米多高，不容易被水淹没；同时它粗壮的叶柄中有海绵般的通气组织，能将叶子吸收的氧气充分

输送到地下茎,使得只要叶子露出水面,慈姑就能正常呼吸,不会因为被水淹而窒息。

其次,慈姑的产量很高,一株慈姑一年能结十几个球茎。《本草纲目》记载,慈姑一年能生"十二子",好比一个慈母一胎生育了十二个孩子,还把他们都养得白白胖胖。试想,在冷飕飕的冬天,闹饥荒的灾民们走近密密的慈姑田,用手在烂泥中随手一刨,就刨出一大串圆溜溜、肉质饱满的慈姑,他们该有多么高兴啊!

当然,除了不怕水淹和高产,千百年来,人们热衷于将慈姑作为灾年的救命粮,还有一个重要原因,就是它富含糖类、蛋白质、维生素等营养物质。而且慈姑口感软糯,既能当主食又能当蔬菜——在饥荒年代,上哪里去寻找比它更好的食物呢?

你也许会好奇:为什么慈姑每年要长这么多球茎?这些球茎又为什么富含营养呢?

对人类来说，慈姑几乎是一种无可挑剔的食物；但对慈姑而言，成为人类的食物，从来都不是它的使命。作为一株植物，慈姑唯一的使命是尽可能让自己活下去，并繁衍出更多的子孙后代。

开花结果，是慈姑繁衍后代的重要方式。夏天，大片碧绿的燕尾叶丛中，会开出一丛丛白色小花。秋天，当阳光不复夏日般猛烈，当水田和池塘里的水开始变少，慈姑早早感知到气候变化，开始做过冬的准备。这时，曾经绽放白色小花的位置，被一枚枚豆子般大小的瘦果取代。瘦果成熟时，里面的种子会借助风力、水流去"旅行"，随后在合适的环境安家，孕育新的生命。

但种子繁殖也面临着种种风险，成活率并不是很高。为了弥补这一不足、更好地延续生命，慈姑又发展出一套无性繁殖的策略：通过球茎上的顶芽进行营养繁殖。

为了达到这一目的，秋日里，慈姑会抓住一年中最后的余热，拼命地进行光合作用，将大量有机物输送到球茎部位，这样就能将能量贮藏起来。所以每到这个时候，慈姑那一个个圆溜溜的球茎开始膨胀，一天比一天长得大。

冬天，当天气变干、变冷时，为了减少不必要的消耗，慈姑长在地上的茎叶开始枯萎。但慈姑一点也不担心，因为经过一番紧锣密鼓的忙碌，它已经做好了充分准备。慈姑靠着球茎里丰富的营养供给，它的顶芽一定能挨过冬天，在来年长成一株新的生命。

现在，答案已经揭晓：慈姑之所以在秋天长出许多球茎，是为了储存营养物质，为顶芽提供生长的能量；同时，由于人们习惯在初冬采挖球茎，这时球茎里储备的大量营养还没有被消耗掉，自然吃起来营养丰富了。

慈姑在水灾频繁的过去，曾是老百姓的救命粮，救了很多灾民，是人类的"大功臣"；现在，虽然人们对抗自然灾害的能力更强了，生活也更加富裕了，但慈姑并没有淡出人们的视野，而是以蔬菜的方式，继续留在人们的餐桌上，成为一道独具风味的江南美食。

知识趣谈

当心，你吃的食物可能有毒！

翻开人类食谱，不难发现还有许多食材，如芋头、土豆、萝卜等，也跟慈姑一样是植物的地下茎或块根，这些部位作为植物的营养储存场所或繁殖器官而存在，可以说汇聚了一株植物的精华，无疑是好东西。但你必须知道，有时候，好东西利用不当也会暗藏凶险，它冷不防化身为"食物刺客"，给你致命一击。

就说芋头吧，它所含的草酸钙会形成针状结晶，你要是直接触碰它的汁液，容易引起皮肤过敏。只有经过烹煮，草酸钙结晶才会消失。此外，作为食物界明星的土豆也并非什么"善茬"——未成熟的土豆或表皮发绿、发芽的土豆，往往含有大量龙葵素，轻则让人上吐下泻，重则致人死亡！

舌尖上的江南美味——茭

中 文 名 / 菰
学　　名 / *Zizania latifolia* (Griseb.) Turcz. ex Stapf
别　　称 / 茭白、茭儿菜
所在家族 / 禾本科 Poaceae/菰属 *Zizania*
掌控地盘 / 中国南北各地，俄罗斯、日本、朝鲜、缅甸、印度东北部有分布
荣　　誉 /『水八仙』之一、『水中人参』

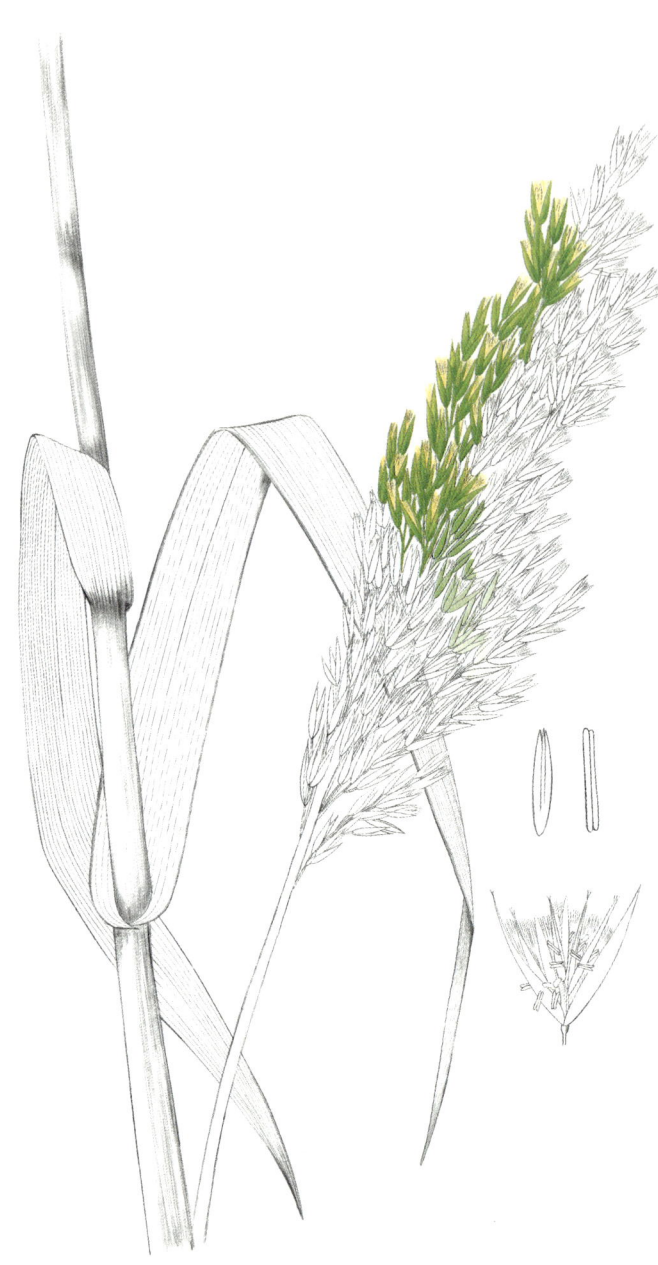

菰是江南非常常见的一种植物，喜欢生长在稻田水沟中或湖畔湿地旁，植株大约齐人高，根茎一般藏在水面之下，一丛丛修长的叶片从水里抽出，直指云霄。菰的叶片大约有1米长，表面粗糙、边缘锋利，活像一柄柄剑头略弯的软剑，守护着一方水土。

介绍了这么多，你可能仍旧不知道"菰"是什么。不过，你一定听说过"茭白"吧？茭白跟鲈鱼、莼菜一起，被誉为"江南三大名菜"，是春秋时节南方餐桌上不可或缺的美味。"菰"

就是茭白，只不过，"菰"作为古时人们对这种植物的称呼，现在已经很少使用了。

那么，为什么过去叫"菰"，现在却叫"茭白"呢？

这是因为"菰"和"茭白"虽然是同一种植物，但在漫长的历史中却发生了变迁。

唐代以前，"菰"是一种重要的粮食作物，它会在秋季开花，花色微紫，有点像芦苇的花。开花不久后便可结果，果是细长黑瘦的颖果，颖果里的种子就是"菰米"，营养价值很高。

稻、黍、稷、粱、麦、苽在古代一起被称为"六谷"，苽即菰。早在3000多年前，菰米就已经被栽种了。据说，用菰米做饭时，需要先将它在水中浸泡数小时，然后再用慢火烧煮两小时，虽然比较费时，但这样做出的菰米饭香气四溢、滑腻香脆，十分美味。

在历史上，曾有许多文人在诗词中赞颂过菰米，比如李白《宿五松山下荀媪家》中写了他吃菰米的一次经历："我宿五松下，寂寥无所欢。田家秋作苦，邻女夜舂寒。跪进雕胡饭，月光明素盘。令人惭漂母，三谢不能餐。"所谓"雕胡"就是菰米。

杜甫《江阁卧病走笔寄呈崔卢两侍御》中写道："滑忆雕胡饭，香闻锦带羹。"苏东坡《石芝（并叙）》中写道："肉芝烹熟石芝老，笑唾熊掌嚼雕胡。"不论杜甫还是苏东坡，雕胡饭都是他们生活中那一道值得品鉴与书写的美食。

然而，菰米虽然美味，产量却极低。原来，菰的花期很长，它不肯一次性开花，而是要从初夏一直开到秋天，这就意味着菰米也是分批次成熟的。花期长、分批结果，对菰来说当然是好事，因为如果它在某个时间段集中开花结果，万一正好在花期或果期遭遇极端天气等灾害，就可能全军覆没。可是，对庄稼人来说，菰米无法一次性成熟，就没有办法集中采摘，收集种子就会变得十分麻烦。此外，菰的果实非常容易脱落，基本上随结随落，而不会留在枝头等待人们去收割。毕竟对菰来说，只有当种子落入泥土它才能顺利繁殖，容易脱落是一件好事；可是对农人来说，这却成了一件令人头疼的事。

宋代之后，随着人口增加，人们对粮食的需求不断提高，菰作为一种低产又不易采收的作物，逐步被水稻、小麦等更高产的粮食作物取代。

有意思的是，作为粮食的菰没落了，作为蔬菜的菰却繁荣起来。原来，菰在生长过程中会受到一种真菌——黑穗菌的寄生，这种菌会遏制菰开花结果，同时会刺激菰茎顶端的花芽分化组织，使其不断膨大，形成纺锤形的肉质茎——这种因"病"而生出的肉质茎，就是茭白。

茭白质地白嫩，味道鲜美、营养丰富，是难得的佳肴。我们热爱美食的祖先当然不会放过这种唾手可得的"水中人参"，于是开始有意栽培能长出肉质茎的菰。自宋代之后，随着茭白种植技术的提升，茭白逐渐在江南一带流行开来。渐渐地，"菰"这个名字便被"茭白"取代了。

不过，风水轮流转，如今，随着饮食文化的改变，不再为温饱发愁、转而追求健康的现代人，又重新将目光瞄向了菰米。在历史上一度被遗忘的"菰米"又回来了！当它归来时，早已"改头换面"——现在，菰米的新身份是健康杂粮，还被人们奉为"谷物中的鱼子酱"，一斤菰米的价格可以卖几十元甚至上百元，令同为粮食的小麦和大米望尘莫及，也令茭白望洋兴叹。

回顾菰的历史，从受欢迎的菰米，到阴差阳错变成"茭白"，再到回归菰米的本质而重返餐桌，它的起起落落，似乎有意要给我们这样的启示：不要太在意生命中一时的沉浮，放长远一点看，你会看见不一样的生命价值和意义。

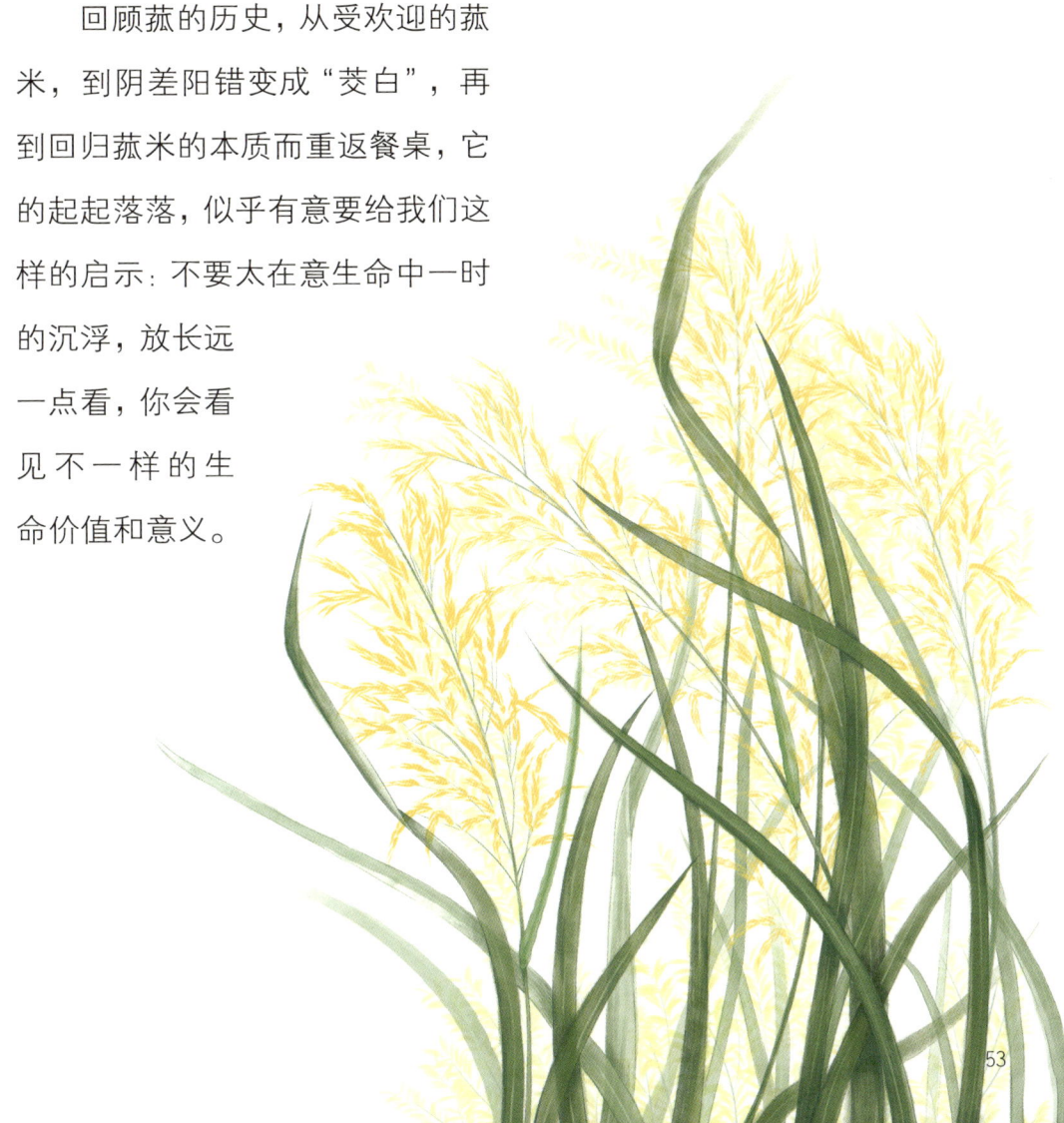

独特的水中『锌王』——莼菜

中　文　名 / 莼菜

学　　　名 / *Brasenia schreberi* J.F. Gmel.

别　　　称 / 水葵、马蹄草、水莲叶

勋　　　章 / 国家 II 级重点保护野生植物

所在家族 / 莼菜科 Cabombaceae/ 莼菜属 *Brasenia*

掌控地盘 / 中国黄河以南地区，东北亚及印度、美洲、非洲、澳大利亚也有分布

荣　　　誉 / 植物中的『锌王』

初夏时节，蒙蒙雨季过后，江南的水温开始迅速回升，沉寂了一个冬天的水中"精灵"们也开始苏醒，其中就包括莼菜。

莼菜之所以叫莼菜，是因为它的茎又细又长，犹如一条条细丝——纯的本意，就是颜色相同的丝线。作为一种怕冷的多年生草本植物，莼菜会在冬季到来之前舍弃多余的茎叶，然后躲在水下过冬。而春日里，当阳光再度洒向水面时，它会一点点醒来，细丝般漂荡在水中的茎开始萌芽，渐渐地，芽长成了茎，长出了叶，叶柄慢慢伸长，叶片慢慢舒展……

生命的变化起初总是静悄悄的，直到某一天，不经意间，你会发现水面忽然绿了，一下子冒出许多椭圆形叶子，一枚一枚、星星点点，犹如一只只绿色小舟，齐齐整整横在水上，令人眼前一亮。

莼菜属莼菜科，它的叶子乍一看跟睡莲的叶子有点像，都是巴掌般大小，绿油油的，表面很光滑，平平地展开在水面上。不过，要辨认莼菜和睡莲也不难——相比之下，莼菜的叶子更长、更接近椭圆；此外，不像睡莲的叶子有缺口，莼菜的叶子是没有缺口的。

等到六七月份的花季，莼菜和睡莲就更容易区分了。睡莲的花不消多说，它那纯净的花瓣又大又美，由中心向四周辐射，宛若水中的一道白月光，令人过目难忘；莼菜的花却很小，大约只有一节拇指那么大，花瓣很少，通常只有三四片，颜色又暗淡，实在很难引人注目。

话说回来，虽然莼菜花姿平平，入不了赏花人士的法眼，但在美食界却大名鼎鼎，从帝王将相到各界名流，再到普通百姓，几乎没有不爱它的。历史上有不少关于莼菜的传说。

张翰是西晋有名的书法家和文学家。他饱读诗书，年轻的时候也当过官，并得到了齐王司马冏的笼络。但当时，皇帝无能，朝中八个王爷争权夺势，打得天昏地暗。齐王是"八王"之一，骄奢淫逸、专横跋扈，跟性格洒脱的张翰不是一路人。张翰预感到司马冏再这样下去早晚会出事，心里有些忐忑，不禁萌生了辞官回家的念头。

可是，真的就这样放弃好不容易得来的官位吗？到底该继续留在洛阳当官，还是该回到家乡安享晚年呢？张翰迟迟拿不定主意。

一个寒风萧瑟的秋日，张翰满怀惆怅，凭窗远望，忽然无比想念故乡的鲈鱼和莼菜——这两样东西，都是江南水乡的美味，在北方洛阳是吃不到的。它们勾起了张翰浓烈的思乡之情，同时也让张翰一下子解开了心结：人生的可贵之处，难道不正是图个舒服和自由吗？我这样千里迢迢到洛阳当官，不仅辛苦，还整天提心吊胆，有什么意思呢？

想通之后，张翰毫不迟疑，马上收拾东西卷铺盖回家了。谁知张翰前脚刚走，长沙王就发兵攻打齐王，不久齐王被杀，齐王手下的官员也跟着遭殃，但因为思念鲈鱼和莼菜而回到家乡的张翰却躲过了一劫。从此，"莼羹鲈脍"被传为美谈，一直

流传至今,后人经常拿它来比喻思乡之情。

西晋还有一位名士叫陆机,写得一手好字,文章更是独步天下。他出身于江南的名门望族,后来远赴洛阳当官。在洛阳时,有一次,陆机去拜访驸马王济,王济拿着一块羊酪问陆机:"你家乡有比这还好吃的东西吗?"陆机不假思索地回答:"千里湖莼菜做的羹,什么调味品都不加,味道比这鲜美多了。"

有了张翰、陆机这些名士的推崇,莼菜名声大噪,跟鲈鱼、茭白一起,成了江南美食的经典代表。相传,清代著名的"美食"皇帝乾隆每次下江南,都要钦点一道莼菜羹,而且吃了还不过瘾,回到北方皇宫里,还要命人定期进贡过过嘴瘾。

当然,莼菜入选"水八仙""江南三大美食",靠的可不只

是故事。千百年来,它之所以能牢牢占据江南美食榜榜首,靠的是它独特的口感和它鲜明的个性。

在餐桌上,我们食用的部分是莼菜的嫩茎叶,通常以凉拌或羹汤的形式出现。它绿绿的,连茎带叶出现在餐盘中,嫩叶打着卷,叶和茎的外面裹着一层厚厚的透明胶状物,吃在嘴里滑溜溜的,嫩而鲜美,像果冻,又像一条活泥鳅,不等你吞咽就已经"哧溜"滑入食道。

但凡吃过莼菜的人,都会对它特有的胶状物留下深刻印象。那层胶状物被称为胶质或果胶,是莼菜在生长过程中自然分泌出的物质,就像透明的水中防护服,保护着莼菜幼嫩的茎芽,使它不受外界伤害。

除了富含果胶，莼菜还有一大鲜明特色，那就是富含微量元素锌。而且莼菜中的锌比较容易被人体吸收，莼菜也因此被誉为植物中的"锌王"。

不过，莼菜独特的口感和丰富营养可不是随便得来的，而是它对生长环境严格要求后的结果。莼菜是一种很挑剔的水生植物，通常只生长在风平浪静又清澈见底的水中，水位需保持在半米左右，深不得，浅不得，最好是微微流动的活水，水底的土还得富含钙、铁、锌等营养物质，否则，莼菜就无法充分分泌胶质。如果莼菜无法分泌胶质，就有可能出现烂根的现象。

可以说，正是莼菜对环境的苛求，使它淬炼出一身鲜味和独特的口感，成就了它在美食界的大名。可是，对环境要求苛刻，也限制了莼菜的繁殖，使它分布范围狭窄，几千年来始终难以实现领地的扩展。现如今，随着环境的变迁，干净的溪流湖泊越来越少，野生莼菜更少见了，它已被世界自然保护联盟濒危物种红色名录列为极危等级物种，成了重点保护对象。

幸运的是，作为一道有故事的江南名菜，江南人始终保持了对莼菜的深情，他们小心翼翼地守护着最后一方适合莼菜生长的净水，守护江南这道独特的美味。四五月间，正是莼菜第一茬嫩芽萌芽的时候，这时，如果你去太湖或西湖边逛逛，说不定就能在附近馆子里吃到地道的莼菜羹。

"世界禾本科植物之王"——薏米

中文名 / 薏米
学　名 / *Coix lacryma-jobi var. ma-yuen* (Rom. Caill.) Stapf
别　称 / 苡仁、米仁
所在家族 / 禾本科 *Poaceae*/薏苡属 *Coix*
掌控地盘 / 亚洲热带、亚热带地区
荣　誉 / "世界禾本科植物之王""生命健康之友"

在温暖的湿地边或山沟溪谷边，你经常能见到一种绿色的禾本科植物，它叫薏米。薏米的植株大约一人高，秆子细长，一节一节向上伸展，表面披着白粉。它的叶子又宽又长，叶鞘紧紧包裹着秆子，叶片中间贯通着一条白色叶脉，看着很像玉米叶。从外形看，薏米很普通，通常它的身份是水边的一片绿色背景墙，是其他水生植物的陪衬，很难引起人们的关注；不过，一旦结出果实，薏米的地位和价值就不同了。

夏秋季节，薏米像其他禾本科植物一样开始抽穗，它抽穗的时候有些特别：会先从叶腋处伸出一根根细秆，然后在细秆上长出一个个小圆疙瘩。这些小圆疙瘩叫总苞，总苞的外表光滑圆润，仿佛一粒粒珍珠，它的里面住着雌小穗，顶端则挂着一串雄小穗。等授粉完成后，总苞里面就会结出种子来——那些种植薏米的农人一年盼着的，正是这些种子！

等种子成熟，去掉外壳和种皮，里面乳白色的部分就是米仁了。米仁像一粒粒小圆珠子，虽然看上去普普通通，却有着很高的营养价值，不但能充饥，而且能治病。早在1800年前，中国最早的药学经典《神农本草经》就记录了米仁有"久服轻身益气"的功效。

善于利用植物的古人，当然不会任由薏米在野外生长，人们开始栽培薏米，用薏米来熬粥、煲汤，也用薏米来入药、治病。就这样，薏米为人类默默奉献着，它从来没有想过，有一天，竟然会有人因为它落到个"死无葬身之地"的下场，而这个"倒霉蛋",就是马援。

马援是东汉时期的一名大将,十分骁勇善战,为东汉立下了汗马功劳。后来马援在外征战时染病身亡,皇帝却突然下令查封他的家产,他的家人吓得不敢将他的灵柩运回祖坟安葬,只好把他埋在城外。这是怎么回事呢?

原来,马援早年曾率兵征战交趾。交趾位于岭南热带地区,炎热潮湿,瘴气很重,很多士兵到那里后水土不服,很快就病倒了。就在马援无计可施时,一个当地人给了他一些薏米,并告诉他,吃薏米可以去除瘴气,经常吃还能让人神清气爽。马援照着那个人说的,做了薏米粥给士兵吃,士兵的病果然渐渐好了。马援很高兴,从此将薏米视为珍宝,每天都要吃上一些,班师回朝时还特意载了一车薏米回来当种子。

京城的人看到马援的车马满载而归,车里的东西在阳光下熠熠生辉,以为他运回了什么稀罕珠宝,便私下向马援索要,不料竟遭到了拒绝。于是这些人对马援怀恨在心,只是当时马援功劳显赫,很受皇帝器重,他们的怨恨一时不敢表露出来。后来,马援外出打仗时染病身亡,这些人听说马援已死,就立即向朝廷告发马援,说他曾从南方载回一车明珠,一个人私吞了。皇帝刘秀听后勃然大怒,不分青红皂白,立刻给马援治了罪。可怜马援尸骨未寒,家人却不敢将他的灵柩运回祖坟安葬,只买了城西几亩地草草埋葬了事,下葬时也没有亲友敢来吊唁,境况十分凄惨。

葬完马援，等皇帝气头已过，马援的家人才敢前往朝廷请罪。这时，刘秀拿出那些告发马援的奏章。马援的家人一看，才知道被冤枉了，这场莫名其妙的冤案也才得以洗雪。

因为马援这件事，后人经常用"薏苡明珠"来形容遭人诽谤或蒙受冤情。不过，薏米的荣誉并没有因此受到影响。几千年来，薏米一直深受人们的喜爱，如今更是遍布中国、日本、越南等热带及亚热带地区。薏米的营养价值很高，被誉为"世界禾本科植物之王"，成了人们餐桌上最常见的养生食物之一。

知识趣谈

长在湿地里的"绿药"

薏米在南方曾是防治瘴气的良药，但翻开《本草纲目》这部"东方药学巨典"，你会惊讶地发现，薏米的用途远不止于此。据记载，薏苡仁煮汤汁可清热降火，还能杀死腹中蛔虫；薏苡仁跟其他中药一起煎服可治疗风湿。除了薏苡仁，薏米的根也是一味良药，取四两薏米根，水煮后含在嘴里漱口，竟能治疗牙痛。

中国是世上最擅长用植物治病的国度之一，光是被拿来治病的湿地植物就有不少，如开蓝色小花的鸭跖草，水沟边常见的金钱草、鱼腥草等，都是身怀绝技的湿地"绿药"。生病了，去野外采一把"绿药"，或煎服、或捣烂敷在患处——在医疗不发达的过去，很多人就是这样治病的。

各怀绝技的湿地精灵

※ 会蜕变的水上『毛毛虫』——水薤

※ 分身有术的水上『浪子』——浮萍

※ 会捉虫的『美丽杀手』——黄花狸藻

※ 穿越亿年时光的白垩纪『活化石』——水杉

※ 会胎生的『海岸卫士』——红树

会蜕变的水上「毛毛虫」——水薤

中文名 / 水薤（wěng）
学　名 / *Aponogeton lakhonensis* A. Camus
别　称 / 田干菜
所在家族 / 水薤科 *Aponogetonaceae* / 水薤属 *Aponogeton*
掌控地盘 / 中国长江以南地区、南亚、东南亚
勋　章 / 浙江省重点保护野生植物

对很多人来说,"水蕹"是一个陌生的名字,因为这种水生植物在野外甚是少见。除非你刻意去寻找,否则很难见到它的身影。

那么,水蕹到底长什么样呢?它是一种浮水植物,它的根和茎是淹没在水中的。不过,它的叶子很少浸没在水中,大多数都会漂浮在静静的水面上,它们很修长,形状像柳叶,只是比柳叶更宽、更长,犹如一叶叶绿色小舟。

如果你经常去长有水蕹的湿地边散步,那么你会发现不论水深还是水浅,水蕹的叶子总能漂浮在水面上,即便连续几天下大雨,水位上升了很多,一时被淹没的叶子不久又会露出水面。

仔细看看,水蕹的叶子背面并没有类似气囊的器官,它的根、茎和叶柄也看起来普普通通,并没有让植株漂浮起来的"救生圈",那水蕹是如何做到在水深时不被淹没呢?

水蕹让叶子漂浮在水面的秘密,其实就藏在它的叶柄上。原来,水蕹的叶柄是"水位探测器",当水位上升时,它们会随之伸长,从而有效地将叶片送出水面。如果你仔细观察,会发现水蕹的叶柄基本都是很长的,有时,它们竟然能长到30厘米!

除了叶子,水蕹的花也很有特色。春季,大约4月过后,水蕹就陆陆续续开花了,一枝枝圆润修长的花茎挺出水面,将手指般大小的穗状花序高高举起。阳光下,密密生长的黄色小花齐齐绽开,无数花丝向外吐露,使得整个花序看上去毛茸茸的,活像浑身长满刚毛的大肥虫,正被困在一片水中央,不得不努力攀附在枝条上,翘首以盼、等待救援。

有趣的是,如果过一阵子再去看,你会发现这些"水上毛毛虫"像是被施了魔法,忽然变成了绿色。它们横躺在水中,微微有些发黑,看上去奄奄一息。

那么,为什么黄色"毛毛虫"会变绿呢?

原来,当水蕹的花凋谢之后,原本长花的位置会结出一粒粒蓇葖果,小小的绿色蓇葖果密密麻麻地挤在一起,看着很像一条条绿色大肥虫。要是凑近看,你还会发现这些"绿色大肥虫"长着许多"腿脚"呢!那么,这些活像虫子腿脚的东西又是什么呢?其实,它们是蓇葖果顶端长出的短钝喙,从蓇葖果表面伸出,形状从内向外慢慢变尖,很像毛毛虫身上凸起来的伪足。

水薤穗子的形状像"绿色大肥虫"，因为饱含种子变得沉甸甸，茎秆无法再支撑顶部的重量，这些"绿虫"就只好横七竖八倒在水面上。不过，它们并没有奄奄一息；恰恰相反，它们是水薤新生命的源头，当蓇葖果的果皮裂开，里面的种子会播撒到水中，一株株新的水薤即将从水中生发出来。

水薤的繁殖力很强，有时会入侵农田，抢夺农作物的营养。这时，庄稼人会想尽办法铲除它们。不过在公园里，水薤的命运可就不同了，它们是备受欢迎的景观植物。园艺师会将它们栽培在水池、湖泊的边缘或湖心岛等地方，让它们跟其他水生植物一起搭配成一片片精巧美丽的水上花园，为路过的行人送去一片片宜人的风景。

知识趣谈

空心菜跟水薤是同一种植物吗？

你吃过空心菜吗？空心菜又叫蕹菜，根据生长环境不同，人们把长在旱地的空心菜叫"旱蕹"，把长在水里的空心菜称"水蕹"。不过，长在水里的空心菜虽然叫"水蕹"，但跟本文介绍的"水薤"是两种截然不同的植物。首先，空心菜是旋花科家族的成员，水薤则来自水薤科家族，它们来自完全不同的植物家族；其次，空心菜的叶子呈卵圆形，足有巴掌那么大，花也很大，形状像牵牛花，水薤的叶子却细细长长，花很小，聚在一起像个穗子。所以，此"水薤"非彼水蕹。在不时会发生重名的植物世界，我们一定要小心，千万不要张冠李戴哟！

分身有术的水上「浪子」——浮萍

中文名 / 浮萍
学　名 / Lemna minor L.
别　称 / 青萍
所在家族 / 天南星科 Araceae/ 浮萍属 Lemna
掌控地盘 / 全世界温暖湿润的地区

谷雨过后，在湿地边散步，你会发现各处的水面不知何时泛起了绿意。这是一种青翠的嫩绿，充满了生机与活力，它先是寥若晨星，三三两两点缀在水面，不久便向四周扩展开来，密密麻麻，如大片绿毯，将水面遮得密不透风——这是一种植物对自身生命力的宣示："我来了！这里是我的地盘！"

你也许会好奇：是什么植物这么强悍，敢如此嚣张地入侵水体？

那么我来告诉你答案是——浮萍。

浮萍强悍吗？

如果单看外形，你一定很难将"强悍"两个字跟它联系起来。因为它实在是太小了，小到植株内部不需要"分家"：许多植物都有根、茎、叶的分化，浮萍却没有，它只有一片或几片简简单单的叶状体和底下一条细弱的根，简直堪称植物中"极简主义"的典范。

如此简单的植物，要是像拥有坚硬的外皮来保护自己的豌豆，或者像有些长得分外粗壮高大、能轻易抢占水土中养分的植株，倒还有一些在水中称王称霸的资本。可是浮萍呢，它的叶状体，也就是那些漂浮在水面、看上去像叶子的东西，只有几毫米长，并且含有大量水分，轻轻一捏就碎，十分娇嫩。它那细弱的根又完全不具备扎根土壤、固定植株的能力，导致它居无定所。

可以说，浮萍就是长得又小又弱的水中"流浪汉"，既没有什么铠甲来保护自己，也没有什么利器与外界抗衡，它唯一能做的，就是避开大风大浪，躲在一片温暖安静的水泊中小心翼翼地生存。

然而，或许正是因为长得太弱小，浮萍才拼命想着从其他方面找补，以更好地让自己活下去。要达到这一目标，作为一种极微小的植物，除了拼命繁殖，浮萍别无他法。

浮萍是开花植物，当然也会结果，并通过种子来繁殖。但浮萍不是一位高产的"母亲"，它开不了很多花，也无法结出大量种子，而且种子繁殖的过程太长、速度太慢，对弱小的浮萍来说极为不利。

在这种情况下，为了求生，浮萍在长期进化过程中形成了一种独特的"分身术"——它的叶状体背面，长有极小的囊，就像一个"育儿袋"，会在里面孕育出新的芽，不久，新芽会长成新的叶状体。新的叶状体由一根很细的短柄跟母体相连，从母体获得营养。当它逐渐长大时，就会挣脱"脐带"，离开"母亲"，去水面上寻找自己的生活。当然，如果你见到背面垂生很多条细根的"浮萍"，也不要惊讶。这种是紫萍属的紫萍，因常与浮萍本种混生，人们常将这两者统称为浮萍。

这种通过芽来繁殖的方式在植物中并不少见，浮萍在繁殖中真正令人惊叹的是它的速度。养过浮萍的人都会知道，从池塘捞回几片浮萍养在水中，短短几天，它们就会形成一个群落。这是因为浮萍的新植株长得很快，才一两天就能长到跟母体一样大，并开始孕育新的生命。我们试想：一种植物以天为单位，数量一直都在翻倍，这是多么惊人的繁殖速度！

正是凭着一个"快"字，原本毫无优势可言的浮萍，不仅在植物生存大战中活了下来，还成了水上一"霸"，不论南方、北方，你总能在水中看见这道亮丽的风景。

因为四处可见，千百年来，浮萍成了文人墨客诗中的常客。如唐代大诗人白居易《池上》，面对荷花塘中浮萍满池的景象，写了一件有趣的事：

"小娃撑小艇，偷采白莲回。不解藏踪迹，浮萍一道开。"

一个小孩撑着小舟去偷采白莲花，以为这件事不会被大人发现，谁知随着船桨划动，满池浮萍向两边荡开，自然形成一道水路，不知不觉中暴露了小孩行动的踪迹。

满池浮萍成了"告密者"，小孩却浑然没有发觉——想想都觉得有趣！

不过对浮萍来说，有趣是偶然的，漂来漂去、动荡不安，才是它真正的命运。诗人们也常用浮萍来比喻自己动荡的身世，如"浮萍寄清水，随风东西流""浮萍寄诸水，漂流本无根"等。其中写得最感人的，恐怕要数文天祥那两句"山河破碎风飘絮，身世浮沉雨打萍"了。

正如文天祥笔下所写，浮萍无法在泥土中扎根，它是无法左右风浪和暴雨袭击的，它也注定一生漂泊。

于浮萍而言，漂泊有时是危险的，湍急的水流可能将它带

向不利于生存的危险地带，比如极度寒冷的北方；当然，漂泊有时也是有益的，正是靠着水流，浮萍得以迁徙到远处，从而实现领地的扩张。

无疑，浮萍是现有水生植物中分布最广泛的植物之一，它们的家族成员已经遍布全球，只要有水、有阳光，只要气温不是太冷，不管是稻田、沟渠，还是池塘、湖泊，它们都能在新的地方扎根，并迅速繁衍，创建一片又一片新的"浮萍王国"。

有时，浮萍甚至太多了，多到入侵稻田抢夺水稻的营养；多到如厚毯一般盖在水面，使水体缺氧，从而威胁到其他水生动植物的生存。在浮萍旺盛生长的夏秋季节，须得有人定期打捞，才能保持水体的清洁。

不过，这些被打捞上来的浮萍就只是绿色垃圾、一无是处吗？当然不是。看上去毫不起眼的浮萍，其实是一种"全能宝藏"植物：长在水里时，它能很好地吸收氮磷，净化水体；如果被打捞上来，那么富含淀粉和蛋白质的它，又是潜在的生物能源作物，是喂养牲畜的优良饲料；此外，它还是一味传承了数千年的中药，性味辛、寒，临床上有利尿的功效。

浮萍的用途如此广泛，聪明的人类当然不会白白浪费它。现在，已经有人在研究浮萍的综合开发利用了。未来，浮萍又会以什么身份出现在我们眼前呢？让我们拭目以待吧。

会捉虫的"美丽杀手"——黄花狸藻

中文名／黄花狸藻
学　名／*Utricularia aurea* Lour.
别　称／水上一枝黄花
所在家族／狸藻科 *Lentibulariaceae*／狸藻属 *Utricularia*
掌控地盘／中国长江以南地区，东亚、东南亚至大洋洲

植物想要生长发育，必须得具备充分的营养。那植物的营养从哪里来呢？

你也许会说："用根从泥土或水中吸收营养呀。"

没错，绝大多数植物都是这么做的，它们从泥土或水中获取生长所需的各种营养元素，为植株的成长提供养分。

可是，如果植物恰好遇到了贫瘠的土地或水体，又该怎么办呢？

你也许会说："那就通过光合作用来制造营养呀！"

是的，植物的叶片中含有叶绿素，它们能吸收阳光，将二氧化碳和水合成糖分，制造出生长所需的能量。可是，光合作用不是万能的，比如氮元素，它就无法通过光合作用制造出来。但对植物的生长来说，氮是一种极为重要的元素，它能促使植物茁壮成长；如果缺氮，植物就会得"侏儒症"，茎瘦小而无力，叶片变黄，花和果也会变得又少又小。总之，缺氮对植物的生长和繁殖极为不利。那么，当生长环境中缺氮时，植物该怎么办呢？

植物没法像人类一样跑来跑去寻找含氮的食物，但在长期进化中，它们发展出了一种惊人的能力——捕捉昆虫！因为昆虫含有丰富的蛋白质，而蛋白质里含有大量氮元素。

说起捕捉昆虫的植物，或许你最先想到的会是猪笼草。没错，这种色彩明艳诱人的植物，天生长着一个特殊的器官——捕虫笼。这是一个内部长有消化腺的神奇笼子，形状像一个带盖的瓶子，瓶口很光滑，瓶盖会释放出甜蜜的香气，专门等候馋嘴的昆虫来自投罗网。当那些兴冲冲赶来的倒霉蛋不小心滑进瓶口时，它们会被瓶底的液体淹死，并被猪笼草消化吸收。

当然，千万别以为只有热带雨林才会孕育出捕虫植物。事实上，在南方的许多水田、湖沼或湿地边，就生长着一种会捕虫的小草呢！

这种会捕虫的小草就是黄花狸藻，属一年生沉水草本，喜欢生长在静水之中，因为没有根，所以会随着流水漂来漂去。黄花狸藻乍一看并无特别之处，但如果将它从水中捞起，凑近仔细看，你会发现它的植株上长满了半透明的小东西。这些小东西呈卵圆形，中间是空的，侧面开一道口子，像一张嘴巴，"嘴巴"一侧还长着两条极细的触角般的东西——这些小东西叫捕虫囊，功能跟猪笼草的捕虫笼差不多，正是它们，让黄花狸藻具备了捕虫的本领！

那黄花狸藻是怎么捕虫的呢？

首先，作为一株植物，黄花狸藻无法自由移动，因此只能跟其他捕虫草一样，等待水中的浮游生物和游动的小虫前来自投罗网。不过，它的捕虫囊太小了，要让猎物主动钻进去似乎有点困难。为此，黄花狸藻又进化出了一项新技能——主动将游过身边的猎物关进捕虫囊里。

什么？黄花狸藻还会主动捕捉昆虫吗？

没错。黄花狸藻的捕虫囊看似普通，实际上却是一个设计十分巧妙的机关——当浮游生物如蚊子的幼虫孑孓（jié jué）等小猎物游到附近、不小心触碰到囊口的"触角"时，它们会迅速将这一信号传递给壁囊。壁囊接收到信号，"知道"猎物就在附近，于是立即产生膨压感、将"嘴巴"打开。平时黄花狸藻的捕虫囊处于半瘪状态，"嘴巴"即囊口的活瓣打开后，水流会在水压的作用下往里涌，那些不知情的小猎物还没明白怎么回事，就已经被捕虫囊吸进黄花狸藻体内。现在，猎物到手，黄花狸藻要做的就是将"嘴巴"闭上，然后，它就可以安心享用美餐了。

黄花狸藻"捕捉"水中小虫的整个过程非常之

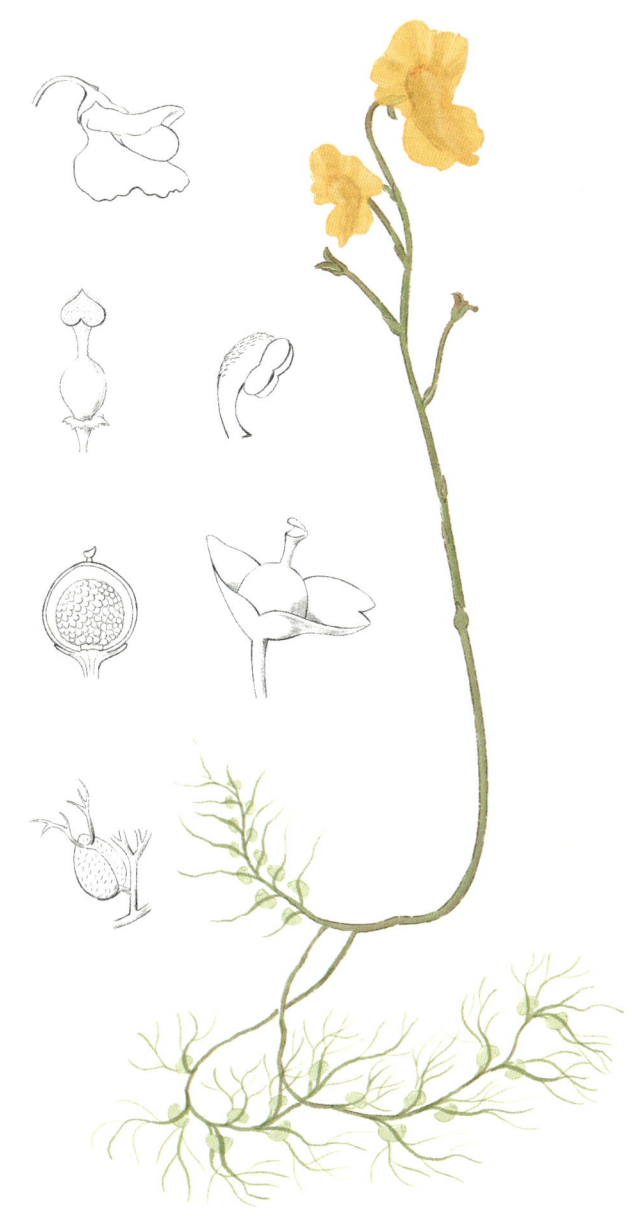

快，令小虫猝不及防。那些落入捕虫囊的小猎物插翅难飞，它们什么也做不了，只能坐以待毙。等猎物的尸体腐烂之后，黄花狸藻囊内的"肠胃"，即那些具有吸收功能的小腺体会汲取植物所需的氮元素等营养，为自身生长所用。

有人做过研究，发现一株1米长的黄花狸藻，竟长有1000多个小小的捕虫囊——带着这么多捕虫利器潜伏在水中，对黄花狸藻来说，每天捕到几只小猎物又有什么难的呢？

得知黄花狸藻会捕虫，你是否觉得它很可怕呢？但这种可怕的植物，却会在夏季开出非常明艳可爱的黄色小花来——可以说，黄花狸藻是名副其实的"美丽杀手"！

值得一提的是，生活在水中的"美丽杀手"可不光黄花狸藻一个！事实上，狸藻家族的许多成员都具有捕虫本领，如盾鳞狸藻，这种植物会开出淡紫色的小花，在水面上亭亭玉立，看着十分漂亮，不过千万别被它温柔的外表所迷惑，因为跟黄花狸藻一样，它也长着捕虫囊，通过捕捉昆虫来补充营养。还有一种湿地常见的水生植物叫短梗挖耳草，整棵植株只有2～4厘米，直立的茎秆十分纤细柔弱，它那紫色、蓝色、粉红、白色的小花娇柔可爱，让你绝对想不到它居然也是吃虫高手。

当然，你不必因此而感到惊奇——不惜一切代价努力活下去，原本就是植物演化的最大动力，而捕虫，只不过是植物为适应环境努力求生获得的技能之一。

穿越亿年时光的白垩纪『活化石』——水杉

中文名 / 水杉

学　名 / *Metasequoia glyptostroboides* Hu & W. C. Cheng

别　称 / 梳子杉

所在家族 / 柏科 Cupressaceae/ 水杉属 *Metasequoia*

勋　章 / 国家 1 级重点保护野生植物

掌控地盘 / 以中国为大本营，散居世界各地

荣　誉 / 『活化石』

在长江以南的溪谷或湿地边，生长着一种高大的乔木，树干笔直，树冠像一座尖塔高高耸立。走近看，它灰褐色的树皮像老人失去弹性的皮肤，粗糙皲裂，并且经常断裂成一块一块的，会随着树干的生长不断剥落；它的枝条微微下垂，细长的叶子整齐地排布在侧生小枝两侧，像极了一片片淡绿色羽毛，微风一吹，它们便轻轻颤抖起来，仿佛一群小鸟将要振翅飞去。

凭着树皮和树叶的样子，你很容易辨认出这种植物的身份——没错，它就是水杉，被誉为"活化石"的水杉。

水杉，是地球上历史最悠久的树木之一，早在1亿年前的白垩纪早期，它的祖先就已经在北极圈附近诞生了。那时，地球上的气候还比较温暖，北极还没有被冰雪覆盖，而恐龙仍是主宰地球的超级霸主。在白垩纪，高大的水杉林很可能是各种食草恐龙的栖居地，并成为它们赖以生存的食物之一。

不过，作为一种植物，水杉当然是不愿意被吃掉的，但它没有长腿，无法逃走，于是只好拼命往高处"逃生"，通过"身高竞赛"来赢取生存权。水杉最高能长到35米以上，相当于十几层楼房那么高，这样的高度，虽然在乔木中不算大个子，但已经很少有食草恐龙可以企及了！

当然，水杉面临的威胁并不只是被食草恐龙吃掉。在白垩纪，随着被子植物的出现，水杉及它的裸子植物亲戚们面临了前所未有的危机，因为跟裸子植物相比，被子植物在繁衍上具

有多重优势：比如，被子植物可以在授粉后短短几天甚至几小时内完成受精，而裸子植物的这个过程则很漫长；再如被子植物的胚珠被子房包藏着，可以更安全地发育成种子；又如一些被子植物会开出美丽的花朵，从而吸引虫子帮忙授粉，而水杉等裸子植物则只能在开花季默默等风来……

被子植物的进化优势，使得它们抢占了大片阳光充足又温暖潮湿的生存领地；而水杉等裸子植物则面临生存空间不断被压缩的挑战，为了生存，它们只能四处迁徙，在那些不太受被子植物欢迎的环境中发展自己的"势力"。

你也许会觉得水杉已经很不容易，然而，它需要克服的困难还远不止这些。白垩纪时期剧烈的地质运动，随后而来的小行星撞击地球事件，一次又一次向水杉提出了严峻的生存挑战。而对水杉来说，最致命的一次打击发生在大约250万年前。当时，地球迎来了"第四纪大冰期"，最冷时，全球大陆约有1/3的面积被厚厚的冰川覆盖着，大量动植物因为没能抵抗住酷寒而不幸灭绝，耐寒能力一般的水杉自然也不例外，大片大片的水杉林被淹没在汹涌而来的冰川中，无声地消失在历史长河中。

水杉就这样销声匿迹了，没有人提起它，也没有人知道它。当人们发现水杉化石时，植物学界普遍认为这种美丽的植物早已灭绝。直到20世纪40年代，中国科学家相继发现了活水杉并采集到了标本，经过鉴定，最终确认它正是古老的孑遗物种——水杉！

消息像惊雷一般传遍世界——原来，水杉并没有灭绝，在中国四川、湖北少部分山沟中，它顽强地活了下来！

你也许会好奇：为什么世界上其他地方没有孑遗的活水杉，而中国却有呢？

说来，这其实是一次侥幸。原来，由于地形不同，中国南方的冰川不像欧洲和北美洲那样连成大片，而是分布比较分散，正是这个原因，水杉才得以在小部分没有受到冰川侵袭的地方活了下来，幸运地躲过了灭绝的劫难。

当然，只说"侥幸"，未免有些不公平。水杉能够活下来，靠的不全是环境的庇护，也有它自身优势的功劳。

比如，我们知道，阳光是植物生长必需的"食粮"，能否得到充沛的阳光，关系着植物能否在丛林里立足。在原始森林中，只有那些抢占了大量阳光的植物才能长得高大粗壮，而那些得不到阳光的植物，则只能在其他植物的树荫下苟延残喘。

幸运的是，水杉拥有很快的生长速度，而且可以长到数十米高，这使它能在丛林的阳光抢夺战中胜出，更好地进行光合作用。

再如，水杉拥有笔直的树干、尖塔形的秀美树冠，树形非常优美，但它之所以长成这样，并不是为了赢得人类的夸赞，而是因为这种树形比较容易保持平衡，能更好地抵御大风的袭击。

又如,水杉跟松柏不同,它是会在冬季落叶的,它落叶的时候,会将小枝条和叶子全部舍弃。但水杉这样做并不是对严寒的屈服,而是一种明智的"自保",这使它可以节省树枝和树叶在冬季不必要的消耗,将全部能量集中在树干和主要的树枝上,从而更好地抵御寒冬。

不得不提的还有水杉耐湿的能力。水杉虽然不是水生植物,幼苗期不耐积水,但它们很喜欢潮湿的环境。跟人一样,

树木也是需要呼吸的，如果缺乏氧气，它们也会窒息而亡。绝大多数树木都不耐湿，因为水底氧气稀少，它们的根无法在水中呼吸。但是水杉有独特的适应湿地环境的能力，它们的树干内部有一种叫做"气孔导管"的结构，可以让树木在充满水的环境中进行气体交换，这样一来，即使是站在水里也能呼吸噢！它们的根部能够吸收含氧量较低的水分，并且能够防止根部缺氧。所以溪谷、湿地这种潮湿环境，常常令其他树木望而却步——却为水杉制造了生存的良机，由于少了竞争对手，水杉就可以在这里好好享受阳光浴、更加茁壮地成长了。

我们很难说水杉有什么"独门绝技"，但正是这些普普通通的技能综合到一起，让水杉在一亿年漫长时光中历经九死一生，最终活了下来，实现了生命的奇迹——这是水杉的幸运，也是它不断跟命运抗争的结果。

如今，水杉的处境跟从前已经大不相同，它成了一颗耀眼的明星，被引种到亚洲、非洲、欧洲、美洲的50多个国家，足迹遍天下，再也不是当年难得一见的"稀客"了。然而，在这场生命与自然的漫长的较量中，水杉并非最后的赢家。它如今的繁荣，靠的几乎都是人类的保护和帮助。在野生环境下，由于水杉的自然繁殖能力较弱，它依然遭受着各种各样的威胁。

水杉未来的命运会怎样呢？人类能帮助水杉重回第四纪冰期前的巅峰时刻吗？还是让时间来告诉我们答案吧。

会胎生的"海岸卫士"——红树

中文名 / 红树（红树林的代表性植物）
学　名 / *Rhizophora apiculata* Blume
别　称 / 五足驴、胎生树
所在家族 / 红树科 *Rhizophoraceae* / 红树属 *Rhizophora*
掌控地盘 / 热带海滨
荣　誉 /"海岸卫士"

如果你乘坐直升机俯瞰热带海滨湿地，会看见大片被浸泡在海水中的绿色森林，它们沿着海岸线绵延数十千米，郁郁葱葱，充满了生机与活力。这些森林，就是大名鼎鼎的红树林。

红树林，由很多科植物组成，以红树科为主。这里生长着各种各样的乔木、灌木、藤蔓和草本植物，远看跟其他丛林没太大不同，真要说有什么特别，或许就是它生长在海岸滩涂，有时甚至会常年浸泡在海水中吧——而这，正是红树林了不起的地方！

为什么这样说呢？让我们来看看植物在海岸滩涂边生活究竟有多艰难吧：海水的浮力、海风的吹拂和海浪的冲刷，不断动摇着它们的根，使它们站立不稳；饱含盐分的海水对它们来说就是"毒药"，随时准备让它们毙命；常年积水的泥沼缺少氧气，令它们呼吸困难；而热带地区过于强烈的阳光，也对它们的生存提出了挑战……

总之，对陆生植物来说，海滨湿地绝不是理想的生存地，甚至可以说，这是一片充满凶险的死亡谷，绝对不适合生存！

绝大多数陆生植物都明智地选择了远离，红树林却似乎不甘心向命运低头，它们顽强地扎根在大海边，并在漫长岁月中历练出了种种"独门绝技"，应对着生命中遭受的种种挑战。

要想在海边生存，首先得学会在海水中站稳。

红树为了能在海水的常年冲刷下屹立不倒，在经年累月中发育出又大又粗的支柱根，它们数量众多，纵横交错，密集而

发达，宛若许多根由钢筋水泥铸成的桥桩，直直地插入海底的土壤中，并将中间的红树树干高高抬起。这些支柱根，一方面

减少了海水对树干的冲击，另一方面又像无数只从海底伸出的手臂，从四面八方伸向红树的树干，将它稳稳地扶住，不让它被海风或海浪击倒。

借助于支柱根，红树总算在海水中立住了脚跟，但要想顺利活下来，它们还得解决呼吸问题。海边滩涂经常会被海水淹没，水底泥沼本来就缺氧，而生活在这里的微生物还将消耗掉水中仅有的一些氧气，这对红树来说无异于雪上加霜——如果它们的根无法充分呼吸，将导致植株死亡。

面对这个棘手的问题，不同种类的红树采取了不同的方法：一些红树长出了长长的呼吸根，它们可以长到数十厘米高，表面布满了专门通气的气孔，如同一根根长满"鼻孔"的"长鼻子"，努力伸出水面，贪婪地呼吸着氧气；还有一些红树则采取了"一方有难，八方支援"的策略，它们会在树干上布满微小的皮孔，然后通过树干来呼吸。同时，它们的树叶也会长出"软木疣"，这是一种空心的细胞组织，可以将叶片吸收的氧气扩散到植物体内，再通过茎内的空间传输给植物的根。

现在，呼吸的问题也解决了。可是，咸海水的问题又该怎么解决呢？

植物的生长需要氧气，更需要水，而植物的根，就是它"喝水"的主要器官。可是，海水并不能直接"喝"，因为海水中的盐分含量太高了，摄入太多的盐对植物来说是致命的。

红树该怎么办呢？别担心，它们已经找到了各种应对的策略。一些红树采取了"先喝再吐"的方法：它们的叶片上长有两个腺体，就像人的眼睛一样会"流泪"。等泪水干涸，你会看见树叶上堆满了白花花的东西，在阳光照耀下闪闪发亮，远看就像落着一层白雪——当然，热带海滨怎么会下雪呢？它们只不过是红树们排出的多余盐分罢了！

面对海水太咸的问题，还有一些红树发育出一种特殊的"过滤器"，它们长在红树的根部，一开始就会将多余的盐分排除在外，从而避免了盐对植株造成的伤害。

在一一克服了各项困难之后，红树们终于可以在海边活下来了，但它们依然无法高枕无忧。如果它们将眼光放长远一点，看着脚下松软的淤泥和远处无边无际的汪洋大海，它们一定会发愁：即便它们开花结果、最终孕育出饱满的种子，这里的环境也不适合种子发芽——对一个物种来说，无法顺利繁衍后代，无疑是非常致命的！

怎么办呢？

红树当然不是天生就知道如何应对，但求生的欲望令它们超越常规的繁殖方式，发展出"胎生"的策略。

什么？树也会胎生吗？

没错。为了让子孙后代更好地生存下来，红树决定当一个尽职尽责的"母亲"，它们没有在果实成熟后就让果实落下来，任凭那些种子自己去发育，而是一直将果实留在树上，直到果实里面的种子萌发出嫩绿的枝芽，这才放手让它们自己去闯荡。

而这时，红树的"孩子"们已经是一棵棵独立的树了。如果水浅，这些底下尖尖的棒状幼苗将凭着自身重量插入泥土中，并很快开始扎根生长；如果不幸被海水冲走，那也没关系，它们可以在大海上漂啊漂，一直漂很久，直到寻觅到一片新的栖息地，并在那里安家。在这个过程中，你不必担心这些红树幼苗会沉到海底，因为它们的内部具有间隙组织，能让它们像汽艇一样漂浮在海面上；你也不必担心它们会被海洋生物吃掉，因为它们的茎表皮能释放一种特殊的气味，让贪吃的海洋动物完全丧失吃掉它们的胃口。

现在，最严峻的生存问题都被一一解决了。凭着种种生存绝技，红树林终于在海陆之间站稳了脚跟。因为几乎没有其他植物跟它们竞争，它们成了海滨湿地的统治者，成了大量鸟类和海洋生物的理想栖居地。它们像日夜守护着陆地的"海岸卫士"，阻挡着海风和海浪对大陆的侵袭，同时又用大网一般的庞杂根系，过滤着来自大陆的河水，将顺流而下的人类垃圾阻挡在外，默默地净化着海洋。对人类来说，红树林无疑是一道保护人类家园的天然屏障。可是，由于人类的大肆砍伐，世界上红树林的面积正在急剧减少——守护红树林，已经变得迫在眉睫。

最富诗意的湿地风景

- ※ 绿色「报春使者」——垂柳
- ※ 梦幻的空中舞蹈家——蒲公英
- ※ 低调的诗画常客——蓼
- ※ 秋日的「浪漫」担当——芦苇
- ※ 娴静的《诗经》名草——荇菜

蒲公英

绿色"报春使者"——垂柳

中文名 / 垂柳
学　名 / *Salix babylonica* L.
别　称 / 水柳、垂丝柳、清明柳
所在家族 / 杨柳科 Salicaceae/ 柳属 *Salix*
掌控地盘 / 原产于中国黄河流域和长江流域，传入亚洲、欧洲、美洲

"春城无处不飞花,寒食东风御柳斜。"

要问在繁花似锦的春天有什么树能跟百花媲美,大概就只有垂柳了。

垂柳是一种古老的植物,它喜欢临水而居,河流、湖泊、湿地等多水的地方四处可见。它有着灰黑色、不规则开裂的树皮,树冠不像别的树那样密实,而是长得比较疏散。为什么它的树冠要长得疏散呢?这跟它独特的结构有关。

如果你见过垂柳,那么你一定会对它细长的柳枝留下深刻印象——千条万条的柳枝,柔软细长,整整齐齐从十几米高的树冠上垂落下来,仿佛年轻姑娘的满头秀发,像瀑布一样倾泻而下。

在诗人眼中,这些柳条让垂柳变得美极了,让他们情不自禁写下了许多讴歌赞美它的诗句:

"袅袅城边柳,青青陌上桑。"

"碧玉妆成一树高,万条垂下绿丝绦。"

"草长莺飞二月天,拂堤杨柳醉春烟。"

……

是呀,垂柳有着袅娜的身姿,是用碧玉和绿色丝绸装点成的玉树,是二月早春里一道醉人的水边风景。春日的水边要是少了它,就会缺了灵气和秀气,也少了些许诗意。

可是,在植物学家眼中,那千条万条的柳枝,却是压在柳树身上的负担,它们长得越长、越多、越密集,就意味着垂柳所要承受的压力越重。如果一棵柳树的树冠长得太密实，那么当它长满柳枝、柳叶时，它极可能不堪重负，甚至在严重的情况下，它的树干会从中间裂开——没错，看似体态轻盈、充满诗情画意的柳树，其实是很脆弱的。它的树干并不坚固，不仅容易开裂，容易被蛀虫腐蚀，还很容易老化。相比动辄能活上千年的不老松，垂柳的寿命可真是太短了，它们通常只能活几十年，即便生长在很优渥的环境中，寿命也很难超过150岁。

不过，何必要那么多树枝呢？疏朗的树冠、密密的柳枝，反倒疏密有致，成就了垂柳的美。

垂柳的美是不分季节的。在落叶树中，垂柳几乎是发芽最早、落叶最晚的"绿叶长跑冠军"。初春，喜欢温暖湿润、但也不惧寒冷的垂柳早早地发芽了，几乎一夜之间，原本还光秃秃的柳枝泛出了若隐若现的绿意。唐代大诗人杜甫说："侵陵雪色还萱草，漏泄春光有柳条。"没错，垂柳是"报春使者"，看到它隐隐泛绿的柳枝，人们就知道春天来了。

垂柳通常先开花，再长出叶子；当然有时也迫不及待，干脆花和叶子一起长了出来。它的花属于柔荑花序，看着就像一条条鹅黄的毛毛虫。清风一吹，细腻的花粉扬得到处都是，惹得对花粉过敏的人连连打喷嚏。不过，更要命的还在后面——开花后不久，大概四五月份的样子，垂柳就结果了。它的果实是极小的蒴果，只有几毫米大，很轻很轻，上面长满了柔细的絮毛。风一吹，满城柳絮飘飞，一团团、一簇簇，让环卫工人十分头疼。

不过，我们还是原谅这些柳絮吧，它们是勇敢的"孩子"，离开垂柳妈妈乘风飞翔，是为了去远方开辟新的领地。它们中的一些成员，随着风儿走了一程又一程，最远的竟然能去到几万米之外的地方。

你也许很难相信，这么小的一粒粒种子经过长途跋涉，最终能长成十几米高的粗壮大树。但实际上，垂柳的种子的确有这种潜能。不过，一粒种子最终能否长成大树，运气是非常重要的。这些流浪的"孩子"，如果落在大树丛生的密林里，或者落在水中，又或者落在干燥的荒漠，当然是没有活路的；如果它们落在日照充足的开阔大草地上，那里又恰好有充足的水源，它们就会马上启动生命中的"生长密码"，开始生根发芽。

跟山毛榉等晚熟型树木不同——山毛榉的果实比较重，通常就落在母树附近，当果实里的种子发芽并长成一棵幼树时，慈祥的母树"妈妈"便用细嫩的侧根与小树的根系连接缠绕，供给小树苗养分，以帮助小树渡过幼年时期的难关。

垂柳长得很快，一棵细小的幼苗，通常只要5~8年就可以成材；而一般的树，如杉树、桉树等，想要能够被砍伐利用的话，通常需要耗费双倍的时间。

但正因为长得太快，垂柳也付出了惨重的代价，那就是树干长得不结实，寿命短。一棵垂柳长到30岁左右就开始走向衰老——这不得不说是垂柳的悲哀。

可是，有什么办法呢？每一种树都有它自己的命运。一棵垂柳，一般长到10岁就可以开花结果，而且几乎每年都会开花，因为它必须趁着年轻赶紧将子孙后代散播出去，否则，它的生命就无法得到延续。

当然，除了通过种子繁衍后代，垂柳还有一种更为便捷的繁衍方式——扦插柳条。俗话说："有心栽花花不开，无心插柳柳成荫。"垂柳的枝条非常容易存活，人们随手折下一条柳枝，将它插在潮湿的土壤中，柳枝没几天就能生根发芽，渐渐长成一棵新的树苗。

除了易于栽培，对人类来说，垂柳还是一种非常有用的树木。它的用途非常广泛，柳条可以用来编织箩筐，树干可以用来制造各种家具，春天刚抽出的嫩柳叶还是一道解馋的美味……

凭借优美的树形、飞快的生长速度、强大的繁殖能力和广泛的用途，垂柳成了人类的"宠儿"。中国历史上有很多与柳有渊源的名人。据传，春秋时期的鲁国有大夫展禽（公子展），食采于柳下，其后裔子孙就以柳为氏，世称柳氏至今。史籍《淮南子》称，展禽在家门前种有很多柳树，由于他讲究惠德，因而被人称之为"柳下惠"。柳下惠也就成了中国柳姓的鼻祖。再如东晋时期的著名诗人陶渊明，因为讨厌官场的黑暗，中年时辞掉官职在乡间隐居。当时，他的住宅边有五棵柳树，他很喜欢它们，于是给自己起了个号，叫"五柳先生"。

除了名人，寻常百姓也很喜欢垂柳。在古代，每逢寒食节、清明节，人们就会外出赏柳，还会在家门口插种柳枝，并把柳条编成帽子戴在头上。据说，这是因为柳树发芽早、落叶晚，一年中绝大部分时间都绿意盎然，人们希望通过插柳、戴柳，让自己也像垂柳一样青春永驻。在古代，还有折柳送别的习俗，据说是因为"柳"的读音跟"留"相似。折下一枝柳条，赠送给即将远行的家人或朋友，表达的正是依依不舍的送别之情。

现在，关于柳树的一些习俗已经失传，但人们对垂柳的喜爱丝毫没变，只要有水的地方，你总能见到人们栽培的垂柳。春天，人们在柳树边嬉戏，嫩绿的柳林跟一只只飞舞的风筝相映成趣；夏天，人们在柳树下乘凉，浓密的柳林为行人带去片片阴凉。

秋天呢？满树的柳叶黄了，一片片、一层层随着秋风秋雨往下飘落。一些落在地上，变成满地浅黄的地毯；一些落进水中，和着细碎的阳光随波荡漾，书写着生命流逝时最后的美丽。而当严冬来临，柳枝上的叶片已经所剩无几，赤裸裸的柳条不再显现出柔软的模样，而是忽然变成一条条有力的鞭子，仿佛在与冰冷的空气对峙，坚决不肯服输。

是的，那些看上去毫无生气的枝干并没有死去，哪怕你用刀子和斧头将所有柳条砍光、只留下一截光秃秃的树干，它们也依然活着。来年春天，你会惊讶地发现，新的柳枝又从苍老的树干上萌发出来了！新抽出的柳条看似柔软，实际上却富有弹性，十分强韧，它就像垂柳本身，虽然寿命短、树干不结实，但它柔弱外表里藏着的，是不断征服命运的勇气和倔强，是一个坚韧不屈的灵魂。

梦幻的空中舞蹈家——蒲公英

中文名 / 蒲公英
学　名 / *Taraxacum mongolicum* Hand.-Mazz.
别　称 / 黄花地丁、尿床草
所在家族 / 菊科 *Asteraceae* 蒲公英属 *Taraxacum*
掌控地盘 / 遍布世界各地的山野、草地

"一根细梗梗，头顶绣花团。一阵风吹过，能飞十里远。"

你知道这个谜语的谜底吗？

没错，就是蒲公英，充满浪漫和趣味的蒲公英。

蒲公英，是山野中比较常见的一种野草，湿地边也随处可见。冬天，它跟别的草一样，躲在地底下过冬；到了春天，蒲公英的嫩芽就从地面钻出来，慢慢地长成一丛丛。它的叶片长着很多不规则的小齿，平平地贴近地面摊开，远看着像一丛荠菜。

荠菜是春天里的一道美味，蒲公英的嫩叶也是。不论在中国还是在欧洲的一些国家，都有在春天采蒲公英的嫩叶吃的传统。赶在开花之前，用手掐住蒲公英的叶柄根部，轻轻把蒲公英连根拔起，洗干净后用来清炒或煲汤，味道像菠菜，十分鲜美。不过在欧洲，蒲公英的绰号叫"尿床草"，这是因为蒲公英具有利尿的功效，但不能多吃，吃多了可能就不是利尿，而是腹泻了。

当然，蒲公英的叶子长得很快，当蒲公英开花时，它的叶子就太老了，没法再吃。

蒲公英开花很早，4月早春，天气刚刚回暖，它就开花了，一团团明艳艳的黄色小花，被一秆秆笔直瘦长的花葶举得高高的，在一丛丛绿叶的衬托下显得格外醒目。那么，描述蒲公英的花时，为什么要说"一团团"，而不是"一朵朵"呢？这是因为蒲公英的花序是头状花序，你看到的一"朵"圆形黄花，其实并不是一朵花，而是由许多小花聚在一起簇成的花团。

值得一提的是，蒲公英的花，虽然没有倾国倾城的美，看着十分简单，却藏着许多门道。比如，你知道蒲公英为什么要开黄花吗？如果你留意一下，就会发现早春时节的许多花，如迎春花、油菜花，也都是金黄色的。蒲公英跟这些植物一样，开花的时间都比较早，那时，很多小昆虫都还在冬眠，只有虻等少数昆虫苏醒了，开始在料峭春寒中奔波忙碌。比如虻，生活在水沼边，并且对黄色情有独钟。蒲公英开黄花，正是为了讨好虻等小昆虫，好让它们发现自己，帮助自己授粉。

那么，如果没有虻的帮忙，蒲公英的花就白开了吗？它只能开花、永远都结不了果吗？

对很多植物来说，昆虫的确在它们生命中扮演着不可或缺的角色，如果没有昆虫帮忙，它们就完蛋了。因为如果它们无法完成授粉，就无法结出果实，长期下去，就会面临灭顶之灾！但蒲公英完全没有这方面的烦恼。这是为什么呢？秘密还是藏在它的花里。

原来，蒲公英有着"孤雌生殖"的"特异功能"，即便没有昆虫帮忙授粉，蒲公英花盘中99％的子房也照样能结出种子！换句话说，在蒲公英的世界里，"男性"是多余的角色，因为绝大部分"妈妈"们自己就能繁育出健康的种子宝宝！

所以，只要蒲公英的花不被风雨摧残，不被人为摘掉，它总会结出种子来。不像许多高大的植物，果实的孕育过程十分漫长；蒲公英的果实是"速成品"，花谢后不到半个月，果实就

成熟了。蒲公英的果实,是瘦长的灰褐色瘦果,上面长着长喙,顶端长着一束轻柔的白色冠毛。一粒粒小小的果实整整齐齐聚在一起,围成一个毛茸茸的白色小球,漂亮极了。

好看的白色冠毛,是蒲公英种子旅行时必备的特殊"飞行器"，当风吹来的时候，一粒粒种子轻盈地跃向天空，越飞越高——对蒲公英来说，这是它们一生中最浪漫的时光。这时的它们，那么轻柔，那么可爱，一次次落下来，又一次次被风卷起，随着风儿在空中飞舞旋转，像一群流连忘返的孩子，舍不得离开母亲，但最终，还是一个个飞远了。

蒲公英的种子去哪儿了呢？

"被风吹散的蒲公英，

落在瓦片的缝隙里，

一声不吭地

等待着春天到来。

顽强的种子，我们看不见。

虽然看不见，但真的有噢，

看不见的东西，也依然存在着。"

是的，看不见的东西，依然存在着。

在我们看不见的地方，蒲公英正努力表现出它们的顽强和坚韧。那些长着毛茸茸"小翅膀"的种子，它们随风飞到天涯海角，落在哪里，就在哪里扎根发芽。不论那里是瓦片的缝隙，是阴暗的墙角，还是荒芜的水畔，它们都将努力生长，都将在来年春天焕发出绿色生机，开出明媚的花朵。

也正是那些蒲公英，那些飘飞在蓝天中的漂亮的蒲公英，在看不见的地方，在我们的心田，播下了浪漫的童年记忆。

低调的诗画常客——蓼

中文名 / 红蓼（liǎo）
学　名 / *Persicaria orientalis* (L.) Spach
别　称 / 荭草、狗尾巴花
所在家族 / 蓼科 *Polygonaceae*/蓼属 *Persicaria*
掌控地盘 / 除西藏外的中国各地，欧洲、大洋洲及朝鲜半岛、日本、菲律宾、印度

红蓼，你不一定听说过这个名字，但一定在某个地方见过它。这是一种常见的野草，喜欢生长在水边湿地向阳的草坡上，有着很强的生命力。

春天，你去湿地边走走，很可能会跟这种小草不期而遇。它们看上去并不起眼，却无时无刻不在努力生长。作为一株野草，红蓼得不到人类的精心照料。它必须凭借自身的强大力量，跟糯米草、鱼腥草、野荞麦、狗尾草等杂草展开激烈竞争。

对植物来说，阳光始终是它们激烈竞争的重要资源之一。为了获取足够的阳光，红蓼的茎秆长得直而硬朗，通常能长到1米多高。高挑的个头使它能在高处争取到更多阳光。同时，红蓼也不忘"横向发展"——它每往上长出一节，就会"节外生枝"，向旁边伸出分枝来。

红蓼的分枝很多，像许多向外侧倾斜伸出的手臂，贪婪地将能够到的阳光全部揽进自己怀里。分枝上，是一片片卵圆形的叶子，足有巴掌那么大，由长长的叶柄托举着，交错生长在茎秆的节上，平平地摊开。从高处俯视，这些叶子互不遮挡，正好可以充分吸收阳光。

红蓼枝叶肆意生长的姿态，为它赢得了一个有趣的别名，叫"游龙"。我国最早的诗歌总集《诗经》里有这样两句诗："山有桥松，隰有游龙。"其中的"游龙"，说的就是红蓼。

当然，红蓼还有其他别名。由于它喜欢亲近水，开的又是红花，因此常被人叫作"水荭"；又因为它的花朵聚成一串穗子,形状很像狗尾巴草,因此又被称为"狗尾巴花"。

红蓼一般从夏季开始开花,花期很长,能一直开到秋天。秋天,是红蓼的盛花期,也是它一生中最光辉、最灿烂的日子。它的花很小,只有米粒那么大,不过,那一朵朵细碎的玫瑰红小花开得又繁又密,它们密密麻麻地生长在花序轴周围,形成长长的一串,就像成熟的麦穗那样沉甸甸的。远远望去,仿佛一支支倒挂在枝头的玫瑰色小红烛,在碧波荡漾的水畔草坡显得格外醒目。

"十分秋色无人管,半属芦花半蓼花。"

红蓼的枝叶不好看,但花很漂亮。信步游走在水边湿地,红蓼那一抹别致的红,很难不被人注意到,尤其在文人雅士眼中,它充满了诗情画意,总能勾起人的赞叹或者感慨。

1000多年前的一个初秋,唐代大诗人白居易闲来无事,独自骑马游走在曲江边,突然,夕阳下一片如血的红蓼映入他的眼帘,他的心不禁为之一动,忍不住吟诵道:"秋波红蓼水,夕照青芜岸。独信马蹄行,曲江池四畔……"

初秋、红蓼、夕阳、绿草地,它们一起倒映在碧波中,然后微风一吹,碧波粼粼,一江倒影被微风吹皱摇碎——多美的景色呀!

红蓼虽美,却总是勾起人的伤感之情。白居易看到江畔的红蓼时,不禁联想到自己已步入中年,胸中的抱负却没有实现,悲伤的情绪顿时涌了上来。他感慨道:"我年三十六,冉冉昏复旦。人寿七十稀，七十新过半。"

在古代，人的寿命普遍比较短，一个人能活到七十岁已经算长寿了。如果用四季来比喻人的一生，那么朝气蓬勃的少年好比是春天，充满了希望；精力充沛的青年好比是夏天，年富力强；而一个三十六岁的中年人，已经开始走下坡路，就像是初秋，再往前走，就是萧瑟的冬天，匆忙的一生就要接近尾声了。红蓼因为开在秋天，所以成了人们悲秋的对象——人们悲的哪里是秋，而是自己飞快逝去的人生呀！

"秋花虽自好，未比水花妍。红紫分三径，江湖别十年。"

红蓼开在秋天,容易让人感慨时光飞逝;而它开在水边,又常常引起人的相思之情。这是因为古代陆上交通不太发达,人们出行常常会走水路,尤其在多水的南方,水上交通更是司空见惯。如果有亲朋好友要远行,重情重义的古人往往会把亲友送到渡口。而红蓼就喜欢生长在水边,秋天的渡口,如血的红蓼是那样醒目,不可避免会被离别的人看到,久而久之,它就跟离别联系在了一起,以至于人们一见到它,离愁别绪就会涌上心头。

当然,也不是所有人眼中的红蓼都充满了忧愁。比如收藏在故宫博物院里的宋代名画《红蓼水禽图》,水边一枝蓼花盛开在画中,一只身姿矫捷的水鸟轻盈地落在红蓼枝头,不远处是波动的水面和隐约可见的青虾,整幅画都充满了轻快和野趣。

对于文人雅士,红蓼充满了诗情画意;对于普通百姓,红蓼则浑身是宝,非常实用。它有很多用途,叶子是天然酒曲和辛辣食材,茎叶和果实可以入药,将它斩断晾干后还可以用来驱蚊……

可惜,红蓼被欣赏、被重视的时代已经过去了。近现代还有多少人懂得欣赏红蓼,并知道它的用途呢?太少了。

大画家齐白石非常喜欢红蓼,为它做了许多画,同时,他很为红蓼的"没落"感到可惜,专门写了一首诗为红蓼鸣不平:

"枫叶经霜耀赤霞,篱边黄菊正堪夸。潇湘秋色三千里,不见诸君说蓼花。"

是啊，秋天红如云霞的枫叶、在篱笆边怒放的黄菊固然值得歌颂，但如果秋色一共有十分，红蓼花多少也能占几分吧？为什么如今却没有人再提起它了呢？

当然，红蓼并不在意人们怎么看待它。从春到夏，从秋到冬，它都遵循着自己的生命节奏，按部就班，开花结子。它的果实是很小的瘦果，一粒一粒被包裹在宿存花被里，又圆又黑。等成熟时，它们就落土生根，发出新芽。新的生命历程，又徐徐拉开了帷幕。

知识趣谈

红蓼和四大名著

身为秋日里的"显眼包"，红蓼不光是历朝历代诗词名画中的常客，还现身于"四大名著"中，成为烘托许多惊心动魄的故事的背景。

《水浒传》中有个地名叫"蓼儿洼"，顾名思义就是长满了蓼的水洼，它位于楚州南门外，青山秀水，景色十分宜人，因宋江被害后埋葬于此，一片血色的"蓼儿洼"也就多了几分凄楚。《红楼梦》中也有个地方以"蓼"命名，那就是蓼风轩，这里"红蓼花深，清波风寒"，爱画画的惜春就住在此地。而在《西游记》中，红蓼也四处可见，其中有一幕情节，写的是孙悟空大闹王母娘娘蟠桃大会，此后为了不被二郎神捉住，他曾化身为一只花鸨，立在蓼汀之上，只可惜，会七十二变的孙悟空没能逃出二郎神的法眼，为此还挨了一记弹弓的痛打。

秋日的『浪漫』担当——芦苇

中文名 / 芦苇
学　名 / *Phragmites australis* (Cav.) Trin. ex Steud.
别　称 / 蒹葭
所在家族 / 禾本科 Poaceae/芦苇属 *Phragmites*
掌控地盘 / 遍布中国各地
荣　誉 / 『中国的第二森林』

"芦苇高，芦苇长，芦花似雪雪茫茫……"

如果说湿地一年不同景，春天适合赏梅，夏天适合赏荷，那么秋天最值得欣赏的，大概就是芦苇了。

芦苇，是秋日湿地里的"当家花旦"，尤其在深秋时节，11月份左右，长在芦苇梢头的芦花成熟了，一束束巨大的圆锥花序，长达20～40厘米，宽度也有10厘米左右。硕大的花絮轴上，向四周斜伸出许多分枝，分枝上挂着一串串小穗，小穗稠密下垂，缀着4～7朵白色小花。

日落时分，当微风吹皱被夕阳染红的湖水，当湖畔绵延几千米，甚至几十千米的大片芦苇开花时，那雪花般洁白的花束在数米高的芦苇荡上空迎风翻滚，别提有多壮观了！

中国人向来很会欣赏芦花。他们会在水畔修建漂亮的亭台楼阁欣赏芦花，也会在深秋驾驶一只小船在芦苇荡中悠哉地玩耍。大约300年前，清代画家程鸣到杭州看望隐居在西溪的厉鹗，厉鹗就带他泛舟游览了家门口的芦苇荡，结果，程鸣被西溪的大片芦花迷住，临别时画了一幅《西溪卜居图》送给好朋友，还题字说："小住西溪第几湾，蟹村渔舍鸬鹚滩。扁舟他日还相访，十顷芦花当雪看。"原来，西溪的十顷芦花实在太美，程鸣还没有看够呢！

芦苇的美是看不够的。在秋日里，只要芦花一开，人们的目光就会不由自主地被吸引过来。

唐代大诗人杜甫说:"摧折不自守,秋风吹若何。暂时花戴雪,几处叶沉波。"

在杜甫眼中,那轻盈雪白的芦花,是秋日里落在湖边的雪,它那样白亮,那样可爱,然而在瑟瑟秋风中,它随风飘逝,又是那样凄楚,那样凌乱。

杜甫对芦花是心存怜惜的,爱它的美,又心疼它在冷风中受摧残。但在苏轼眼中,芦花却又是另一番截然不同的样子。他在《和子由记园中草木十一首》中这样写道:

芦笋初似竹,稍开叶如蒲。

方春节抱甲,渐老根生须。

不爱当夏绿,爱此及秋枯。

黄叶倒风雨,白花摇江湖。

江湖不可到,移植苦勤劬。

安得双野鸭,飞来成画图。

苏轼性情豁达,诗词也写得十分豪放。在他看来,夏日里油绿绿的芦苇并不好看,可深秋,等芦苇开花,那风韵简直绝美!要是湖中再来一对嬉戏的野鸭,就是活生生一幅天造美图,恐怕任哪位画家都画不出这样的美来。

当然,芦苇花的美又不同于寻常植物的花,它的美是很有气势的,是一种压倒性的美。你看苏轼"黄叶倒风雨,白花摇江湖"两句,明明是枯黄的芦叶在风雨中被折断,洁白的芦花在风雨中飘摇,到了苏轼笔下,倒像是"刺啦"在空中的黄叶使得风雨倾倒，而在风中摇曳的成片白花如波涛一般汹涌起伏，仿佛那江那湖也被连带着摇晃起来了——你说，除了秋日里的芦苇，还有谁能有这样的气势，能撑起如此壮阔的秋日盛景呢？

当然，你也许会问："生长在湿地的植物成百上千，凭什么秋天的芦花就那么抢眼呢？"

是呀，如果仅仅是一株两株芦苇开花，那是绝对担不起"当家花旦"这个名头的。芦花之所以壮观，靠的是它那浩浩荡荡的规模。

芦苇不像一些植物喜欢单打独斗，它们是一个团结的大家族，总喜欢大片生长在一起。从我国东北的辽河三角洲，到内蒙古的呼伦贝尔大草原，从江苏的洪泽湖，到新疆的博斯腾湖，只要有水的地方，就会有大片芦苇荡存在——没错，不是单株芦苇，而是动辄十几公顷、上百公顷的芦苇荡。即使在沙漠里，只要有一眼泉水、一片小湖，芦苇也可以顽强地活下来，并且形成一片小小的"森林"！

如果根据家族势力来衡量一种植物在湿地中的地位，那么芦苇绝对是妥妥的"湿地霸主"。

那么，为什么芦苇可以形成如此巨大的生长规模呢？

这不得不从它们的地下茎说起。

芦苇，作为禾本科家族中的成员，跟同样属于禾本科的竹子有着许多相似之处。

我们知道，竹子也是成片生长的。这与它独特的繁殖方式有关。如果翻开竹林里厚厚的土壤，去地下一探究竟，你会发现那里藏着一个惊人的世界——竹鞭的世界。竹鞭，也就是竹子的地下茎，像一条条爬行在地底下的黄色巨蟒，又粗又硬，一节一节，彼此之间互相联结，形成一座错综复杂的地下迷宫。这座迷宫会随着时间不断扩大，因为竹鞭上长满了嫩芽，一部分嫩芽会发育成竹笋，最终长成一棵新竹；另一部分嫩芽则会发育成新的竹鞭，继续在黑暗的地下世界里向远处探索，开辟新的生长领地。

芦苇的繁殖方式跟竹子十分相似。你别看芦苇开出的芦花那么繁盛，就以为水边新长出的芦苇是由一粒粒芦苇种子发育而来的。事实上，芦苇那些长有"羽毛"的种子存活率很低，它们一般只负责开辟远方的疆域，而在同一片芦苇荡内，地下茎繁殖才是芦苇扩大家族势力的主要方式。

芦苇的地下茎，又叫芦根，也跟竹鞭一样长成一节一节，在你看不见的地方，一条条强壮有力的芦根正在黑暗、缺氧的湿地淤泥中艰难地向下、向左、向右探索。芦根节与节之间的嫩芽，是新生命诞生的摇篮。春天，当气温达到5℃以上时，长在芦根上的嫩芽就会破土而出。

芦苇长出地面的嫩芽叫芦芽，外形直立修长，外面包裹着笋衣，跟罗汉笋十分相似，是春天里的一道美味。要是芦芽不被野鸭等动物吃掉，它们很快会长成一根新的芦苇。芦苇的生长速度几乎可以跟竹子媲美，刚入夏，脆嫩幼小的芦芽就能长成两三米高的"大草"，它们挨挨挤挤生长在一起，形成一片郁郁葱葱的"水上绿林"。苇莺在这里生蛋，野鸭在这里觅食，小鱼在细细的苇秆间嬉戏——这片水上绿林看似安静，实际上却热闹非凡。

而夏天的芦苇，并不会停止生长。它们还在继续长高、长粗。挺拔直立的茎秆，像是由20多节空心管道"焊接"成的纤维水管，一刻不停地上下奔忙，为自身的成长运输着水和营养。

直到初冬，等芦花开败并结出了无数细小的颖果，芦苇地上茎的使命才算完成。现在，它们终于可以停下工作了。不过，停下工作对苇秆来说不是休息，而是死亡。苇秆和长在上面的苇叶渐渐变得枯黄、干燥，失去了生命的韧性和弹性。当强劲的西北风抵达时，大片干枯的芦苇会被折断、会倒伏在地。它们已经死去，只等着微生物来分解，帮助它们重回大地。

然而，当芦苇的地上茎秆死去时，它地下的部分却还活着。芦苇的地下茎，也就是芦根，通常向下扎得很深。没有什么动物会挖到那么深去啃咬它们，甚至连人类放的野火也无法将它们铲除。一把大火过后，地上的芦苇茎秆被烧成了灰烬，而地下的根茎却丝毫不受影响。第二年春天，大片新的芦苇又会从地下冒出来，一节一节向上蹿，真是"野火烧不尽，春风吹又生"！

因为强大的地下茎繁殖，芦苇得以在短时间内实现快速扩张,成为某一片湿地的"霸主";而芦苇强大的适应能力,则让它们遍布全球各地,成为全球湿地的"霸主"。

当然,对人类来说,芦苇从来不只是秋日里可供欣赏的一道风景。早在几千年前,芦苇就跟沿水而居的人类产生了亲密关系:人们吃芦芽,用苇叶包粽子,用芦苇的茎秆盖屋顶、筑墙,将苇秆编成苇衣、苇席,建造芦苇帆、芦苇船。就连芦苇的穗子和芦花,在人类眼中也是有用的,人们用芦苇的穗子做扫把,还用芦花做枕芯、做棉鞋……

芦苇甚至还参与了人类的战争。历史上著名的"火牛阵"战役中,芦苇就立下了汗马功劳。

这场战役发生在2300多年前的战国时期。齐国和燕国在打仗,燕国的乐毅是个军事奇才,不到半年,就把齐国打得只剩下莒(jǔ)城(今山东莒县)和即墨(今山东平度县东南)两座孤城了。

齐国岌岌可危,即墨的守将外出迎战,结果不幸阵亡。群龙无首的即墨将士不肯轻易投降,他们发现齐王的远房亲戚田单正在即墨城内,他曾经带过兵,于是推举田单当将军,决定跟敌军决一死战。

田单是个很有军事头脑的人,他知道,"擒贼先擒王",只要乐毅在,他就不可能打胜仗。为了除掉乐毅,田单使用离间计,派人散布谣言,说乐毅故意拖延时间不肯攻打即墨,目的是想当燕王。由于乐毅功劳显赫,燕王本来就忌惮他,听别人这样说，就赶紧派了个名叫骑劫的人前往即墨，取代了乐毅。乐毅一气之下投奔了赵国，再也不想为燕国卖命了。

赶走乐毅后，田单除掉了心头大患，于是用金银财宝收买新来的将领骑劫，撒谎说即墨愿意打开城门投降。骑劫很高兴，满心以为不费一兵一卒就能拿下即墨，马上松懈下来。

眼看时机已到，田单悄悄下令齐军准备好一千余头牛，给每头牛的牛角绑上尖刀，牛背披上五彩外衣，并给牛尾巴绑上浸了油的芦苇。一天半夜，五千名齐国勇士点燃牛尾巴上的芦苇，跟在火牛后面冲出城门，冲向了燕军的军营。顿时，燕军的军营被火光照亮，厮杀声、惨叫声响成一片。

田单通过火牛阵打败了燕军，后来又率领军队乘胜追击，彻底将燕军赶出了齐国的国境。可以说，在这场著名的战役中，作为植物的芦苇功不可没。

不过，使用芦苇可不是古人的专利，对现代人来说，芦苇照样是一种宝藏植物：它能绿化湿地，净化水质，加固堤坝；它富含纤维的茎秆能造纸，造人造丝、人造棉。用芦苇造纸，可比用树木造纸高效多了。一般的树木至少要十几年才能成材，而且一旦砍伐就得重新栽种；芦苇却只要几年时间就能形成浩浩荡荡的一片，而且能一年一收，收割后的芦苇塘，第二年又能长出高大的芦苇来。

几千年来，正是芦苇带给人类的种种好处，使它得到"免死金牌"，还获得被人类主动栽培的殊荣。再加上芦苇自身强大的生命力和繁殖力，如今，芦苇的家族成员已经遍布全球各地。亚洲、欧洲、美洲、大洋洲……深秋，不管你身处何处，都可能见到"芦花似雪雪茫茫"的胜景。

娴静的《诗经》名草——荇菜

中　文　名 / 荇菜
学　　　名 / *Nymphoides peltata* (S. G. Gmel) Kuntze
别　　　称 / 莕菜、接余、金莲子
所在家族 / 睡菜科 Menyanthaceae/荇菜属 *Nymphoides*
掌控地盘 / 世界各地水域

"关关雎鸠，在河之洲。窈窕淑女，君子好逑。参差荇菜，左右流之。窈窕淑女，寤寐求之……"

《周南·关雎》是《诗经》里的一首诗歌，写的是一条宁静的小河边，美丽的姑娘采摘荇菜的情景。因为这首诗，2500多年来，"荇菜"这种水生野菜名扬天下，成了中国历史上最有名，同时也最浪漫的野菜之一。

你也许会好奇：《诗经》中的"荇菜"，究竟是一种什么菜呢？

其实，《诗经》里写到的"荇菜"，就是荇菜，它是一种水生植物，喜欢生长在湖泊、池塘、湿地、沼泽、稻田等地方。因为它既不惧怕寒冷，也不惧怕炎热，因此大江南北，你都能见到它的身影。

那么，荇菜究竟长什么样呢？

如果你在冬天的时候寻找荇菜，极有可能会扑空，因为这时的荇菜，叶子和花儿早已经枯萎，只剩下细细的根和茎留在水中。虽然荇菜的匍匐茎很长，一节一节在水中延伸，有的能长到2米多长，但由于它总是匍匐在水底，有时还会通过匍匐茎节间的根将自己固定在水底淤泥中，因此你很难寻觅到它们的踪影。

到了春天，天气明显回暖，你就可以去水边碰碰运气了。这时，荇菜长在匍匐茎上的嫩芽，会随着水温的升高快速生长。嫩芽先慢慢长成一条修长的茎，然后又在茎上长出碧绿的叶。荇菜的叶子小小的,最小的只有指甲盖那么大,最大的也只有巴掌那么大;叶片厚厚的、圆圆的,边缘有一个裂口,活像一张裂开的嘴巴。总体来说,荇菜的叶子跟睡莲的叶子十分相似,就像是缩小版的睡莲。

4月左右,等荇菜开花,它就更好辨识了。荇菜的花,长在水底蜿蜒的匍匐茎节上,它们很好看,一朵朵金色的小花,被修长的花梗稍稍举出水面,花冠裂成5瓣,上面还长着一圈柔毛,看上去毛茸茸的,像一盏盏可爱的明灯,瞬间照亮了碧绿的水面。

那时,很多水生植物还没有进入花期,因此金色的荇菜花十分惹眼。那些喜爱它的人把它叫作"金莲子",在他们眼中,荇菜花就像荷花一样高贵、美丽。

当然,虽然叫作"金莲子",但荇菜不会真的结出莲子来。

"参差荇菜,左右采之。"在古代,人们采荇菜,一般吃的是它的茎和叶。生活在1700多年前的古代动植物专家陆玑,在书里写到了荇菜的一种吃法:采来荇菜白色的茎,把它煮熟,然后用醋泡一下,就是一道绝佳的下酒菜。知识渊博的明代书画家陈继儒,则记录了荇菜的另一种吃法:把采来的新鲜荇菜切碎,放进锅里煮烂,就成了香喷喷的荇酥,味道像蜂蜜一样甘甜美味。

荇菜在古代不仅是一种美食,还是一种祭祀祖先的珍品。可惜不知道什么缘故,从清代开始,人们渐渐放弃了这种野

菜，曾经一度受到追捧的荇菜，沦落到喂养家畜的地步。身份和地位变了，荇菜的名称也随之发生了改变，如今，人们常常用"荇草""水镜草"等俗名来称呼它。于是人们见到它时，很难想到它就是《诗经》里充满诗情画意的"荇菜"。

不过，这又有什么要紧呢？荇菜可不在意这些。它依然跟数千年前一样，还是那个喜欢安静和干净的"淑女"。在水流湍急的地方，你见不到它；在水质受到污染的地方，你也休想见到它。它默默生长在清澈、安静的水域，等待着有心的路人，来重新发现它、欣赏它。

知识趣谈

水中的"除镉高手"

镉是一种重金属，经常被用来制造蓄电池、颜料等。但这些工业品中的镉如果得不到妥善处理，就会进入土壤和水体，在动植物体内积聚起来，人们一旦食用了镉超标的动植物，很可能会引发慢性镉中毒——面对这样一种潜在的威胁，我们该怎么办呢？

别怕——研究人员发现，荇菜虽娇柔弱小、对水质要求很高，但在受到镉污染的水中却可以较好生存。不仅如此，荇菜的根系和分泌物还可以通过吸收或固定水中的镉，使被镉污染的水质得到很大净化。如此说来，荇菜还是"除镉小能手"呢！